あゝ鶴よ

私のテレビドキュメンタリー

尾山達己

海鳥社

まえがき

テレビ西日本が、ここ十年以上にわたって世に問うてきたドキュメンタリーは「戦後とは何か」の問いかけであり、そして、それは「戦争と平和」を主題にした作品群として成立した。

これらの作品は、幸いにも文化庁芸術祭優秀賞や芸術作品賞という評価をいただくことができた。これらの作品を作った私たちの意図は、「戦争のなかにおける人間」を描くことであった。そして、それは対象が日本人であろうとアジア、ヨーロッパ人であろうと、そんなことは問題ではなかった。私たちにとって作品とは、感動を与え得るかどうかが問題なのである。

何をどのように感じるか、それはその人の持っている感性で判断するしかない。私は理屈っぽいドキュメント論など持ち合わせていない。

そこに何かがある。新聞の片隅にある小さな記事でもいい。人の話でもいい。耳よりな話であろうとそんなことは構わない。大事なことは、それをどのように感じるかである。

戦後五十年を遙かに過ぎて、太平洋戦争を知らない世代が過半数を占めるようになった。

テレビ局の若い営業マンたちが「また戦争ものですか」と、ついグチをこぼしていたことを想い出す。「戦争もの」が売りにくいことは百も承知しながら、芸術作品賞五度、芸術祭優秀賞を二度いただくという美酒に浸りきっていたことも事実である。

『男たちの大和』の著者、辺見じゅんさんにはじめてお会いした時のことである。辺見さんはその頃、「今語りつぐ」と題して講演行脚を続けていたのだが、小柄なその身体のどこにそんなエネルギッシュな行動力を秘めているのか、実に不思議な人だと思った。その辺見さんから、今こそ証言ドキュメントの大事なこと、素晴らしいことを教わったのである。

今、語りつがねばならない真実とは何か、戦後とは何か、私自身それからの十数年間、ドキュメント・ハンターとして、その呪縛のなかに身を置くことになるのである。

これまでの受賞作品のなかでも思い入れの濃淡はある。しかし、すべての番組を脳裏のなかにはっきり記憶している。どのようなディテールも。音楽の隅々まで思い出すことができる。私はドキュメント・ハンターとして、しかもエグゼクティブ・プロデューサーの立場としても奇異な存在だったかも知れない。

ほとんど毎年のように、芸術作品賞をいただくことができたのは、素材に恵まれたことが第一にあげられるのだろうが、素材探し——つまり素材にめぐり会うために多くの知人、友人たちと会い、会話をし、本を読み、調査をするという積み重ねが、大きな結果を生むことになったと思う。

私が一番苦労した「あゝ鶴よ――ノモンハン五十年目の証言」は、企画から放送まで四年もかかった。それだけに思い入れも深いのである。この企画の第一歩は、詩人である松永伍一さんと辺見じゅんさんとの語り合いのなかから生まれたものであった。

私は福岡県が生んだ明治の詩人宮崎湖処子の「ふるさとの／空をはるばる立ち出でて……」という詩が大好きで、この詩が、シベリア抑留者たちの気持を一番よく表していると思っている。出水市のツルの監視に半生を捧げた岡田和彦さんはシベリア抑留者の一人だが、ハバロフスクの捕虜収容所に抑留されていた頃、鉄格子の窓から南へ飛んでゆく鶴の群に、故郷への想いを高めたと言われた。

岡田さんならずとも誰もが同じ思いであったと思う。ましてや、昭和十四年以来、捕虜としてシベリアの土になることを覚悟させられた多くの同胞たちのことを思うと、居ても立ってもいられない気持になるのは私一人ではあるまい。

この気持をなんとか番組にしたいのだがと両先生に打ちあけたのである。もちろんのことお二人に異論があるはずはなかった。調査、取材が終わり、やがて番組タイトルの話になった時、辺見じゅんさんから「あゝ」と「よ」と詠嘆が重なるがどうだろうか、というご意見をいただいたが、熟慮ののちに「あゝ鶴よ」にこだわらせてもらった。そして、「私のテレビドキュメンタリー」のタイトルもあえて「あゝ鶴よ」にきめた。

十五年ほど前になるが、「最後の演奏会」の企画のため、ＮＨＫ交響楽団事務局を訪ねた。この企画を聞いた常務理事の黒川郷八郎さんが、「NHKでやらないかんのにね」とおっしゃったことを想い出す。また、ドキュメント番組が完成するたびに新聞記者の皆さんに観ていただくが、この時にもよく、記者から「お宅はＮＨＫ的ですね」と言われた。

何がＮＨＫ的なのか、地域の素材にこだわらないということがＮＨＫ的ならばそうかも知れない。しかし、実は私の実感としては、「所かまわずのダボハゼ作法」と言えば、一番ぴったりと思っている。

登山家たちが「山があるから登る」と言うように、作りたい素材があるから作るということで十分ではないだろうか。私はあえて地域にこだわる必要はないと今でもそう思っている。

私たちのまわりに、多くのテレビドキュメンタリー制作者たちが、新しく芽生え、巣立ち、栄光をかち得ていく姿を見ながら、番組作りほど精魂をうちこめるものはないと信じている。

「これこそ、青春だ」と。

二〇〇〇年十月

尾山達己

あゝ鶴よ　私のテレビドキュメンタリー◉目次

ワルシャワを見つめた日本人形

十月のワルシャワ

昭和五十九年（一九八四）四月、もうすぐゴールデンウイークがはじまる直前だった。

東京六本木の焼肉店で、サンケイ新聞社の坂井南雄治記者の帰国歓迎宴が開かれた。坂井さんは、一週間ほど前に、ドイツのボン支局から本社に戻ったばかりだった。

二年前の昭和五十七年五月にテレビ西日本のボン支局を開局した時、坂井さんには大変お世話になっていた。

坂井さんは盃を交わしながら「これって、テレビになりませんか」と突然、興味深い話を始めた。実は、この話が、それからのドキュメンタリー・ハンターとしての、私のテレビ人生を大きく変える転機となったことは間違いない。

坂井さんの話に私はしばらくの間、語り継ぐ言葉を見出せないで、ただ呆然と彼の顔を見ていた。

ワルシャワのユダヤ人居住区に、いかにも時代を感じさせる石積みと赤いレンガ作りの古い建物が建っている。パビアック戦争記念博物館。かつて第二次世界大戦中、ナチスドイツ占領下、女性政治犯を収容する監獄であった。

そこに、一体の日本人形らしいものが展示してあるという。二〇センチほどの大きさで、布きれで作られた人形である。

坂井さんと人形との出合いは、昭和五十八年の秋。当時、ポーランドの最高会議議長をしていたヤルゼルスキー氏の招待で西側記者団の一員としてワルシャワを訪れた時に、たまたまパビアック博物館を訪ねることになったのである。

その頃、パビアック博物館を訪ねる外国からの観光客はほとんどなかったし、ポーランドの人たちでさえ、訪れる人は少なかった。ボン駐在の日本人記者たちの間にも、そこに日本人形らしいものがあるという情報は届いていたが、誰も薄気味悪いその博物館を訪ねてみようなどとは思いもしなかったのである。

坂井さんは、彼らのなかで一番若い特派員であるという理由で、パビアック戦争記念博物館訪問という貧乏くじを引かされた。

坂井さんの、そのような前語りを聞かされただけで、背筋にゾッとするような異様な「気」を感じて盃を持つ手を休めた。

古色蒼然とした建物。光量不足の館内は薄暗い。あまり気持のいい環境ではない。日本の設備が整った、明るい重厚な博物館とはおよそ異なる。

戦争記念博物館というだけに、いやというほど戦争の暗い翳を背負っている。何か、戦争で殺された犠牲者たちの怨念が充満しているように思えて、坂井さんは息苦しくて仕方がなかったという。

十月のワルシャワは初冬である。

当時、社会主義体制下のワルシャワであるから煌々と輝く感じなど期待はしていなかったが、それにしても館内は暗い。鉄線で無造作に囲われた裸電球がボンヤリと灯っているだけである。冷えきったコンクリートに足音が幾重にもこだまして、人間の鳴咽のようにも聞こえた。幾度かコーナを曲がって、そのガラスケースの前に立った時、坂井さんも思わず背筋に冷たいものが走ったという。

目の高さのところに、なぜか、斜めに細い針金のようなもので人形は吊されていた。人形は日本人形だが、顔はおよそ日本人離れをした女性の姿だった。衣装は着物だが、袂は二つに割れていた。

後に、この番組を担当した後藤文利ディレクターも同じようなことを語っていた。

「人形が何か訴えているんですね。青白くみえて、鳥肌が立ちました」

六本木で坂井さんと別れたあとも、妙に人形のことばかりが頭をよぎり、ホテルに戻ってからもなかなか寝つかれなかった。

なにか、運命的な出合いのようなものを感じていたのかも知れない。不思議な感触であった。

日本人形を追いかけて

「たかが人形一つでドキュメンタリーになるのかね」

社内での評価は余り芳しくなかった。

「だいいち、ポーランドだろ。入るだけでも大変だそうだよ」

それもたしかである。社会主義体制下の当時のポーランドには入国査証を取るだけでも大変であった。

ワルシャワ・パビアック戦争記念博物館に展示されている日本人形

しかし、これで挫けては何もできない。「何もわからない」からこそ、追いかける価値があるし、それがドキュメントだと何度も何度も自分に言いきかせた。難しければ難しいほど、ファイトは湧いてくるというものである。山は高いほど挑む気持が大きいというのと同じである。

一つの人形に賭けてみることにした。

何か、とてつもないドキュメンタリー番組ができるかもしれない。

いつもなら楽しいはずのゴールデンウイークが、この時ほど妙に長くうらめしく感じられたことはなかった。

ぐずぐずしていると、ポーランド大使館は夏休みに入ってしまうと言う、友人たちの忠告もあって、何はともあれポーランド大使館を訪ねた。

ここで、親日家のマリウス・ボージニアック一等書記官に出合えたことが、僥倖《ぎょうこう》であった。ボージニアック氏は、「七月に入らないように急いでやろう」と請け合ってくれた。

「人形一つで番組になるんですかね」と、ボージニアック氏は、むしろ感心したように応じてくれたのである。遅くとも九月初旬にはワルシャワに入りたいという当方の希望も理解してくれた。

「いい番組になるといいですね」

ポーランドの人たちは親日家が多いと聞いていたが、そのとおりであった。

一方、ポーランド通で知られている映画評論家の草壁久四郎氏の紹介で、ワルシャワ大学に学んでいる日本人留学生、岡上理穂さんを知ることとなった。

草壁氏は毎日新聞長崎支局時代に被爆したが、後遺症など全くかけらも感じられない元気印の老記者である。福岡時代は、ＲＫＢ毎日放送のワイドショーでアンカーマンを務めたこともある。久留米出身で、福岡人には殊更やさしい人である。

岡上理穂さんは上智大学卒業後、ワルシャワ大学で演劇を勉強中であった。この頃はすでに、舞台演出家で俳優のアンジェイ・シェドリッキーと結婚、幸せな家庭を築いていた。

草壁さんから国際電話で内容を聞いた岡上さんも、

「パビアックに日本人形? 知らなかった。まさに霧の中の話で面白そう」

と、感動した口調だった。

ワルシャワ・パビアック戦争記念博物館の入り口で、TNC の取材スタッフ

七月に入って岡上さんからＯＫの返事を受けた時、「これでいけるゾ」という、ある予感が胸をよぎった。手応えといった方がよいかも知れない。

ボージニアック一等書記官といい、岡上理穂さんといい、まさに地獄で仏に会うというのはこういうことを言うのであろう。たった一つの人形から多くの人たちとの出合いが始まったのである。人との出合いこそがドキュメンタリー番組を作る原動力だと信じている。

岡上さんの調べで、日本人形の名前はプレートから「タイカ・キワ」であることがわかった。

人形の作者はカミラ・ジュコフスカ、人形を博物館に寄贈した人はカミラ・バナホビッチ。ジュコフスカの姪であった。この二つの事実以外はいぜん霧の中であった。

カミラがなぜ人形、それも日本人形を作ったのか、どうやって作ったのか、どこで作ったのか、誰のために作ったのか、次々と疑問が湧いてくるのである。

四カ月がまたたく間に過ぎた。

入国ビザがやっとおりて、九月五日、後藤ディレクターたち取材班一行は羽田を飛び立ってワルシャワに向かった。

「勇躍出かけたのではなかったのですよ」

後日、取材から帰ってきた後藤ディレクターが告白してくれた。

「今だから言いますけれど、出発するがするまで、先輩の部長から、この取材は断った方が君のためだ。人形一つで何ができるというのかね。第一、ポーランドの国内事情だってわかったものじゃないだろ」

そう言われてみれば、たしかにその通りである。

番組が完成し、記者発表の折、ベテラン記者から言われた言葉も忘れない。

「人形一つで海外に行かせた方も行かせた方だが、行った方も行った方だ」

褒《ほ》められているのか、貶《けな》されているのか、いささか不明瞭だが悪い気はしなかった。

後藤君も、モノの怪につかれたような私の執念に、賭けてみる気になったのかも知れない。

「やるっきゃないですよね」

例によって、やる気をおこした時の後藤君のセリフが飛び出した。

「ハンターの嗅覚を信じるのみです」と言い残してワルシャワに向かったことを思い出していた。

文化庁芸術祭でのテレビ番組部門はこの年が最後であった。翌昭和六十年度からは、芸術作品賞として衣替えをすることにきまっていたので、なんとしても芸術祭の悼尾を飾る記念すべき年に、出品したいと願っていた。そのためには、十一月十五日までに放送しなければならなかった。

プロデューサーの私はもちろん、ディレクターの後藤君もそのことは十分にわきまえながら取材活動を続けたのである。

ワルシャワ旧市街。戦災で破壊された町が建て直されている

ワルシャワに入った後藤君から、タイカ・キワというのは「喜波貞子」というソプラノ歌手であること、喜波は戦前ヨーロッパで歌劇「蝶々夫人」のプリマドンナとして麗名をはせていたことを知らされた。親日的なポーランドではとくに喜波のファンが多かったという。あとでわかったことだがカミラもまた、喜波の熱烈なファンであった。

岡上理穂さん夫妻の協力で、ベールに包まれた人形の謎は少しずつだが解かれようとしていた。

ワルシャワの国立オペラ資料館の資料のなかにタイカ・キワ、つまり、喜波貞子の名前が残っていた。大正九（一九二〇）年ごろから昭和十年頃にかけてタイカ・キワは何回となく演奏会を開いていることがわかったのである。そして、タイカ・キワはキワ・テイコのドイツ語読みであることもわかった。

国立オペラ資料館に目をつけた後藤君たちの炯眼《けいがん》には敬服するばかりだった。資料のなかから「喜波貞子」と日本語のサインが入った一枚のブロマイドが出てきたのである。

後藤君から国際電話が入るたびに、その声は一段と明るく弾んでいくように思えた。

あとで聞いた話だが、国際電話をかけるのも、今の時代と違って大変な苦労であったらしい。鉄のカーテンに包まれた国であればなおさらのこと、絶えず周囲に警戒の目が光っていたとしても仕方のないことであった。このような環境下ではあったが、取材は順調に進んでいった。

カミラ・ジュコフスカの姪であるカミラ・バナホビッチの所在を突きとめ、叔母のカミラのことについて話を聞くことができた。

話によれば、カミラ夫妻はワルシャワの目抜き通り、インジュン・ルスカ通りで小綺麗なヘアー・サロンを開き、美人のカミラの評判で繁昌していた。昭和十五（一九四〇）年六月、地下組織に入っていたカミラ夫妻はドイツ軍に捕えられた。夫エルゲニウス・ジュコフスキーの友人が密告したためだといわれている。夫エルゲニウスはアウシュビッツへ、妻カミラはパビアックへ別れ別れに送られた。そして二人は、ついに再会することはなかった。

カミラが獄中、同房で過ごしたヤドヴィガ・グルニケビッチや、密かに外部と連絡をとってくれた女看守のスタニスワバ・パブラクの所在もわかった。

受刑者たちからスターシャの愛称で親しまれていたスタニスワバは、ワルシャワ市内のオクルニク通りにある五階建のアパートの二階に、妹と二人で生活していた。スターシャに会えたことで、人形についての全容を知ることができたのである。

13歳の頃のカミラ・ジュコフスカさん

スターシャは左足が不自由で、寝たり起きたりの毎日だったが、カミラのことを知りたいという後藤君の取材に喜んで応じてくれた。

人形作りの素材はすべてスターシャが上着の襟に縫いこんで隠し、そっとカミラに渡していた。カミラが処刑される前日、できあがった人形はスターシャの手から姪のカミラ・バナホビッチに遺品として手渡された。

しかし、こうしたスターシャの行為はドイツ軍の知るところとなってゲシュタポの手で厳しい拷問を受けることになったのである。足腰が不自由なのは、その時の拷問で受けた負傷のためであった。

スターシャとグルニケビッチの二人こそが、獄中のカミラが人形作りに精進していたことを証明する生き証人でもあった。スターシャはベッドに起きあがり、取材に快く応じてくれた。

「カミラって、小柄だけどそりゃ美しい人でした。そして優しくってね、年の割に落着いた感じの人でした。処刑と知っても笑顔を絶やさなかった」

スターシャも、実はカミラ夫妻と同じようにレジスタンス組織「アルミ・クライヨバ」（国内軍）のメンバーの一人だったという。

後藤君たちは、スターシャの紹介で、アルミ・クライヨバの元リーダーの一人だったイエジー・ストコフスキーに会うことができた。イエジー爺さんは自分は親日家だと名乗った。そして、インタビューの途中、突然「もしもし亀よ亀さんよ」と歌い出し、後藤君たち取材班を驚かせたのである。

たどたどしい日本語だったが歌詞は間違っていなかった。

「日本はいい国だ。ドイツと一緒になってわれわれと戦ったが、それでも日本はいい国だよ。カミラもそうだったが、ポーランド人はみな日本ファンだよ」と言う。

明治三十八（一九〇五）年、日露戦争が終わったのちのこと、シベリアに流されていた抵抗組織の家族たちは貧苦の底にあり、病で次々に子供たちが倒れた。リーダーは世界中に子供たちの救出を呼びかける電報を打った。その時日本赤十字社は、いち早く病苦にあえぐポーランドの子供たち七六五人をナホトカから客船熱田丸に乗せ、日本で手厚く介抱したのであった。

この子供たちが、のちに極東青年会を結成、レジスタンスの中心人物になっていた。イエジー爺さんもその一人であった。

日本語や歌は、日本の船の上や病院で覚えたもので、「決して忘れないよ」と語ってくれた。カミラが日本にあこがれ、日本文化に愛着を持っていた背景もその辺にあった。カミラの妹、ダヌタ・ナブロッカの話によると、カミラの家には、扇子や行灯や日本人形が飾ってあったといい、「私って日本人みたいでしょ」と自慢気に話していたそうである。しかも、喜波貞子の大ファンで、夫のエルゲニウスと一緒にしばしば「蝶々夫人」を観劇したという。

昭和十七年二月、カミラはウーベンスデリック強制収容所から、再びパビアック収容所に戻ってきた。彼女は処刑が近づいたことを予感していたのかも知れない。それから間もなく人形作りにかかったのである。

近づきつつある死と直面するカミラは、自分の分身として人形を残しておきたかったのではないだろうか。

人形の背丈は二七センチ、青いチリメンの布地、髪も日本髪風にしてあるが、着物の袖がなぜか二つに割れている。カミラが日本の着物をよく知らなかったためであろう。白い布切で作った

マグダレンカの森

顔には大きな切れ長の目と大きな鼻、およそ日本人離れした表情の人形であった。

　カミラは、昭和十七年五月末、ワルシャワ郊外のマグダレンカの森で処刑された。

　三十七歳という若さであった。夫エルゲニウスも、それより早く、アウシュビッツでガスによる集団処刑の犠牲になっていたが、カミラは夫の死を知らないままに処刑されたのである。

　その日、マグダレンカの森では、二二三人の女性政治犯が銃殺された。

　現在その地には、高さ一メートル、横一メートル五十センチ大の石に碑文が刻まれている。カミラたちの血潮を思わせる赤い石である。

祖国のために戦った
　ポーランドの自由の血が
　　ここに流れた

一九四二年五月二八日

ヒットラーの輩下の手で
二二三人が殺された

自由のための戦いで
親たちの血が流された
子供らよ　大きくなっても
このことを忘れないでくれ

あの時、お前の体から
流れ出た血で
この土は、朱に染まった
底深くまで

姪のカミラ・バナホビッチは、叔母カミラの遺品の人形を、戦争記念博物館となったパビアックに寄贈した。昭和四十三年七月のことである。カミラの美しい思い出の人形を、戦争が生んだ悲劇として永遠に残すためであった。

カミラの妹ダヌタ・ナブタナブロッカも同じ頃パビアック収容所に入れられ、戦後解放されたが、姉妹とも同じ収容所に暮らしているなど知る由もなかったのである。

タイカ・キワ

何度も言うようであるが、ワルシャワから国際電話が入るたびに、後藤君の声はますます弾んで聞こえた。

「喜波貞子を調べてください」

すでに、人形のタイカ・キワが喜波貞子であることは知らされていたが、さてどこの出身か周囲に知っている人はいない。

「喜波ってどこの人間だい」と聞き返した時には、すでに国際電話は切れていた。

私たちは、東京から沖縄まで、電話帳をすべて調べてみたが、残念ながら「喜波」という名字は一件も見当らなかった。芸大声楽科出身の音楽室員に聞いてみたが知らないという返事。一九二〇年代、大正時代のオペラ歌手について蘊蓄のある人間は皆無だった。

ビクターレコード邦楽総目録を調べたところ、その昭和十五年版になんと、「喜波貞子」の名前がちゃんと記載されていた。それには、「喜波貞子、一九〇四年、明治三十七年に東京に生まれる。最初、サルコリー氏に就いて声楽を学ぶ。十五歳の時、父と共に渡欧。イタリー・ミラノのヴァンツァ教授に就いて声楽を勉強、十八歳の時に、ポルトガル・リスボンのグランドオペラ・サンカルロス劇場で処女舞台「蝶々夫人」で主役を演じた。大成功の初舞台で一躍、日本生まれのソプラノ歌手としてキワ・テイコの名を欧州楽団にうえつけた」と紹介してあった。

喜波貞子

喜波貞子は芸名で、本名はレティツィア・ジャコバ・ヴィルヘルミナ・クリンゲンという長い名前である。祖母が長崎生まれの「山口きわ」といい、祖父はシーボルトと一緒に来日したオランダ人のゲールッツ博士。その娘、つるとオランダ人クリンゲンとの間に生まれたのが貞子であった。十五歳まで横浜で育った貞子は終生、日本人として生き続けたのである。

一九三〇年代、昭和十年頃、オーストリアの大使で、のちにソ連大使になり、戦後、参議院議長になった佐藤尚武氏は、自らの回顧録で喜波貞子について触れている。

「顔立ちは日本人離れの美人だったが、立居振舞は代表的な日本人であった。その美声は世界の超一流であり、『蝶々夫人』では第一人者だった。

ウイーンでの演奏会の頃は喜波の人気は絶頂期で、自分が日本人であることに、こんなに誇りを持ったことはなかった。

貞子は終始、にこやかに振る舞い、他国の大使仲間から大いに祝福され、こんなにうれしいことはなかった」と、書いている。

佐藤大使はその時、オーストリアの高官の招待ではじめて喜波貞子の演奏会を聴いたのだが、それ以後、喜波の演奏会では欠かさずに聴衆になったとも記している。

喜波のヨーロッパでの「蝶々夫人」公演は、第二次大戦のはじまる昭和十四年（一九三九）までの十七年間に実に千回を超えた。

すでに書いたように、昭和五十九年度芸術祭に出品するためには、十一月十五日までに放送しなければならなかったため、カミラ・ジュコフスカの妹の所在を探し出すのがやっとだった。

このため喜波貞子の軌跡まで追いかける余裕がなかったのである。

もし当時、もう少し取材時間があったならば、あるいはもう一年早く取材できていたならば、存命中の喜波貞子の声が聞くことができたかもしれない。そう思うと悔みきれない思いである。

喜波貞子は昭和五十八年五月、南フランスのニースで八十歳の生涯を閉じていた。

後藤君たち一行は十月の半ば過ぎに帰ってきた。放送まで一カ月の余裕しかなかったが無事、放送を終えてホッとしたが、妙に喜波貞子のことが心に残った。

タイトルは、少々長かったが「ワルシャワを見つめた日本人形――タイカ・キワの四十五年」とした。人形に託したカミラの思いが一番強く滲み出ると思ったからであった。

私たちの熱意が天に通じたのか、昭和五十九年度文化庁芸術祭テレビ番組部門で優秀賞を得ることができた。

芸術祭という名称とお別れする最後のコンクールだっただけに、思い入れはとくに深い。しかもわが社にとっては、最初の芸術祭入賞だったからなおさらのことである。

「あなたにとって、ドキュメンタリーとはなんですか」。このような質問をいただくことが多い。登山家が山を求めるごとく、私も絶えずハンターとしての嗅覚を研ぎすましている。何か琴線に触れるものがあればダボハゼのように喰らいついていくことはすでに述べたが、ドキュメンタリー番組を作る時、「ああ、これで終わった」という感慨は一度だって持ったことはない。

一つの番組が作られている時、たいていの場合は次の番組の調査に入っていることが多い。気持は次の番組に移っているからだろうか。制作のディレクターたちから「心のなかは別なことを考えている」と非難されることがあるが、たしかに、そのとおりである。

私はこれまで考えながら走ってきた。時には、追いかけながら考えたこともあるが、「ドキュメンタリーとは、シリ取りゲームみたいなものです」と言うと、相手はきまって怪訝な顔をする。いうなれば進行形なのである。だから、終わりがないのは言うまでもないことである。

喜波貞子の残像がいつまでも頭の片隅に残って消えない。

昭和も改まり、平成となると急に世のなかの動きが早くなったような気がする。それだけ年をとったせいかも知れない。遣り残した仕事がだんだんと我慢できなくなる。

そんな時、畏友から「喜波をあのまま放っておく手はないナ」と誘い水をかけられた。松永伍一さんからであった。松永さんの胸のなかにも、喜波貞子のことがずっと気がかりで残っていたという。

「ワルシャワの第二弾は作らないんですか」

松永さんは、私が西日本新聞記者時代の昭和二十九年以来の友人だから、私のドキュメンタリー・ハンターとしての習性は知りすぎるほどご存じなのである。

「松永さん、あなたレポーターになってくれますか」

今度は松永さんが一瞬驚いた表情になったが、「面白いからやろう」と私の企画にのってくれた。

「その代わりといっちゃなんですが、本に書いてくださいね」という私の頼みも快く引き受けてくれたのである。あとは企画を番組会議にかけるだけである。

そんな時、あることがふっと私の頭をよぎった。それは六年前の光景であった。

昭和五十八年春のこと、松永さんとの話のなかで生まれた「ペトロ・カスイ岐部」の生涯を題材にした企画の時であった。

ペトロ・カスイ岐部は大分の人。キリシタン大名の大友宗麟に仕えたが、日本を捨ててローマ法王庁に入り修業憎となった。鎖国時代だから帰国すれば必ず処刑されると知りながらあえて布教のため帰国、東北水沢で捕まえられた殉教の人である。この人の軌跡を追いかけようという企画であった。

中近東の砂嵐のなかを米倉斉加年扮するカスイ岐部が、悪戦苦闘しながらキリスト聖地を訪ねるところからスタートしようというのが私の考えで、途方もなく制作費がかかるのであった。当時としては破格の制作費六千万円だったと思う。常識的にもこの企画は無理というので、米倉斉加年さんはあきらめ、ドキュメンタリー番組として企画書を出し直した。

この時、松永さんは、ニューオータニ博多の一室でわが社の企画会議の推移を見守っていたのである。

「企画が通りましたよ」

私の弾んだ声に、松永さんは「良かった。それは良ございました」と何度となく繰返し答えてくれたことを今、ふっと想い出したのである。その時も、松永さんがレポート役を買って出てくれたのであった。

プリマドンナ・喜波貞子

話を元に戻そう。

企画会議の結果、企画どおりきまった。

ディレクターは若い佐世陽一君、新進気鋭の制作部員。音楽効果も、喜波貞子の軌跡というわけで芸大声楽科出身の安楽雄三君を選んだ。

松永さんをレポーターに平成元（一九八七）年四月中旬、まずミラノに向かった。ミラノは喜波の修業の地であり、今もなお音楽の都でもある。

ミラノのとある養老院で面白い光景を発見した。この養老院は、かつて音楽の世界で名声を馳せた多くの人たちが余生を楽しんでいた。ピアノを弾く人、歌を歌う人など年齢を忘れさせる心暖まる光景であった。彼らに喜波貞子のことやヴァンツァ教授のことなどを取材するため訪れたのである。

そして、貞子が十八歳の時に、リスボンのカルロス劇場で衝撃的なデビューをしたことはすでに述べたとおりだが、一行もその余韻に浸るためカルロス劇場を訪ねた。喜波貞子デビューの記録もちゃんと残っていた。

この取材で最大の収穫は、歌劇「蝶々夫人」でピンカートンを務めて喜波貞子と幾度となく共演した老テノール歌手のゼドシッキーと、ワルシャワで偶然に会うことができたことである。

ゼドシッキーはすでに八十歳を過ぎていたが「貞子のことは昨日のことのように覚えているよ」と今にもピンカートン役を演じてしまいそうな表情で、貞子のことを楽しそうに語ってくれた。

たしか、作家の古川薫さんがテノール歌手の藤原義江を描いた小説「漂泊者のアリア」のなかにも、義江が貞子に想いを寄せた話が出てくるが、ゼドシッキーの話でも貞子は多くの男たちに愛されたようであった。

もちろん、貞子に夫はいた。入籍こそしていなかったが、ラヴィタ・プロショフスキーというポーランド生まれのバリトン歌手がそうであった。同棲生活は昭和五年以来というから長い関係である。

プロショフスキーは歌手を辞め、貞子のマネージャー業に専念した。彼は貞子を世界一のプリマドンナに作りあげるために生涯を捧げたのである。

昭和四十五年、パリで二人は正式に結婚した。すでに貞子は七十歳になっていた。プロショフスキーはカトリック教徒であるため離婚ができずに、前妻の死後、ようやく二人は結ばれたのだった。

ゼドシッキーは貞子とプロジョフスキーがパリで結婚式をあげたことを知らなかった。

「そりゃよかった、でも二人とも死んでしまってはかわいそうだよ」

ゼドシッキーも口にこそ出しては言わなかったが、貞子を心から愛していたことは口ぶりからもうかがえた。

松永さんは、ゼドシッキーに「どうしても聞きたいことがある」と前置きして、「貞子があれだけ人気があり、千回以上も公演したというのに、ほとんど貯えがなかったことをどう思いますか」とたずねた。たしかに不思議といえば不思議な話である。相当な貯えがあると思うのが自然だが、事実は、パリで二人が世帯を持った時には貞子が細々と声楽のレッスンで生計を立てていたという。

貞子の最後の弟子で、身の周りの世話をしていた清水宏枝さんが証言しているから間違いはない。

ゼドシッキーさんは、この点については知らないようだった。

「プロショフスキーはポーランドのレジスタンスで、地下抵抗組織に入っていたと思えるフシがある。貞子はそんなことはおくびにも出さず、ナチスやヴィシー政府の招待にも出て稼いでいたんだね。そのお金はプロショフスキーがほとんどといっていいくらい、地下組織の運動資金として提供していたと思う」

松永さんの推理にゼドシッキーも「なるほど」とうなづくばかりだった。

このことを、松永さんはさらに推理をすすめ、丸善が出している「学燈」に書いている。

ゼドシッキー自身が語る身の上話も息づまるような迫力があった。

彼はユダヤ系ポーランド人だったため、例によって悪名高いアウシュビッツに送られた。カミラの夫、ジュコフスキーと同じ頃である。そこではガス室行きが待っていた。ゼドシッキーも例外ではなかったのである。

ある時、ガス室に通じる廊下でたまたま通りかかったドイツ将校がゼドシッキーを呼び止めた。

「君、おい君、……ゼドシッキーじゃないか」

「?」

ゼドシッキーはまさか自分が呼ばれているとは思いもしなかったので呆然と立っていると、そのドイツ将校がもう一度言った。

「君はたしかにゼドシッキー君だよね」

今度は君づけで語りかけてきた。

ゼドシッキーは「そうです」と答え、将校の部屋に連れてゆかれた。その将校は、実はアウシュビッツ収容所の所長であった。ゼドシッキーは思いがけな

蝶々夫人役の喜波貞子

い展開に目を白黒させながら部屋に通された。

オペラ好きの収容所長は、オペラに関して話題が豊富だった。ゼドシッキーのピンカートンや喜波貞子の蝶々夫人にも話が移り、二人の素晴らしかったことなど話題は尽きなかった。

「君のような偉大な歌手を失うのは世界の損失だよ」

所長の独断でゼドシッキーのガス室行きは免れたのである。

その所長も戦後どうなったか知る由もないが、戦争を越えて、芸術をこよなく愛する一人のドイツ人がいたことは救いであった。

ドキュメンタリーとは筋書のないドラマである。作り手の思惑などいっさい受容しない。思いがけない展開すらあるのである。たった一個の人形だけを手掛りに、いろいろな人たちの人生を描くことができた。これこそがドキュメンタリーだと思う。

真実に迫ろうとする〝意欲〟と〝嗅覚〟のみが、素晴らしいドキュメンタリー作品を生み出してくれると信じている。

「ワルシャワを見つめた日本人形」は「蝶々夫人——喜波貞子の生涯」の番組に発展し、さらに、喜波貞子の業績を顕彰しようという動きへ進展していった。

私が、ドキュメンタリーは進行形ですと答えているように、さらなる番組へ、さらなる事業へと輪が大きくひろがっていくのである。

平成五年の初夏、松永さんは喜波貞子の歌を収めたCDを限定制作で発表し、好評を博した。当時のレコード技術とはいえ、澄みきった貞子のソプラノは素晴らしいの一語につきた。

前年秋、文化功労者に選ばれた芸大の畑中良輔教授も貞子の歌唱力に目を見張る一人で、このような日本人がいたことを誇りに思うとともに、一人でも多くの日本の人たちに喜波貞子を知って欲しいと、松永さんと一緒になってその年の九月、水戸市で「喜波貞子を偲ぶ会」を催した。

その後、東京、そして四年後の平成九年五月には福岡市で「幻のプリマドンナ喜波貞子と蝶々夫人」と題して演奏会を催すことができた。ソプラノは喜波貞子の声に似ているといわれる松本美和子さんが前回の水戸と同様に、ローマから駆けつけてくれた。

「貞子さんの声をCDで聴いていると私、恥ずかしくて歌えなくなってしまうの」

と言いながら「蝶々夫人」になりきっている。

ピンカートン役にはテノールの福井敬さん。福井さんも水戸市に続いての出演。佐賀出身のバリトン栗林義信さんがシャープレス役で参加、演奏会を盛りあげてくれた。

第一部では、松永伍一さんが講演。「喜波貞子の生涯」のテーマで聴衆に感動を与えた。松永さんが制作したCDを場内に流した時、場内からは感嘆の声が渦になって盛りあがっていった。

あれから三年経って、今でも人に会うと「喜波貞子は素晴らしかった」と言われる。今までテレビ生活四十年のなかで一番思い出に残る演奏会だったといっても言い過ぎではない。

松永さんは私との約束どおり、この取材をもとに『蝶は還らず』を著し、このなかで、喜波貞子を「日本のドゥーゼ」と絶賛したのである。

そして、その余韻の醒めやらぬ平成九年七月、私はニースを訪れた。喜波貞子の墓参のためであった。

海の見える小高い丘、石畳みが斜面を上っている。春ならば、貞子の好きなミモザの花が咲き乱れているはずである。ここの共同墓地に貞子は眠っている。

共同墓地は十年ごとに更新され、二〇〇四年までの墓地料を有志たちの募金によって支払った。

この共同墓地の丘から少し離れた丘の上に画家シャガールの墓地があり、その近くにシャガール美術館がある。

かよこ桜の咲く日

日本とポーランド

およそ話には流れがある。それと同じように、番組作りもいろいろと因果関係があって面白い。私がドキュメンタリーとは「シリ取りゲームである」と定義（?）づけたように、まさにｉｎｇで、話は途切れない。

私たちが「ワルシャワを見つめた日本人形――タイカ・キワの四十五年」を制作放送したのが昭和五十九（一九八四）年の十一月である。そして、その年の暮れも押し迫ったある日、映画評論家の草壁久四郎さんから電話をいただいた。

ポーランドの映画監督ロマン・ビオンチェック氏から、草壁さんに日本とポーランドの共同で映画を作らないかと誘いがあったというのだ。

草壁久四郎さんとロマン・ビオンチェック氏は旧知である。ビオンチェック監督は、原爆とアウシュビッツを結んだテーマを考えているという。後藤文利君たちＴＮＣの制作スタッフが、その年ポーランドで「ワルシャワを見つめた日本人形」の取材をしたことを知っていて、ＴＮＣに白羽の矢を立てたのである。ポーランドの古都クラコフで、ポーランドを代表するワイダー監督から後藤君たち取材陣が激励を受けたりしたこともあり、「ワルシャワを見つめた日本人形」は、ポーランドでは注目されていたようだ。

草壁さんは、かつて毎日新聞長崎支局時代に、原爆の洗礼を受けた一人である。

「やけくそで、酒をあおるようにして飲んでいたら、かえって元気になっちゃったよ。おそらく酒で病根を焼切ったんじゃないかナ」と、冗談のようにして言うが、原爆症の恐怖を感じなかったといえば嘘になる。

八十歳近い最近では、胃の手術をしたりして、かなり弱気な一面ものぞかせているが、当時は〝タフの壁さん〟で、世界の映画祭をかけ回っていた。ちょっと酒が入ると、ソフィア・ローレンやブリジッド・バルドーと酒を飲んだ自慢話を聞かされた。

その草壁さんに、生涯のうち長崎の原爆ものをぜひ映画にしたいという願望があったことは、一度ならず聞いていた。そこに、ビオンチェック監督から共同制作をしないかという誘いがかかったのである。

「ということなんで、話にのってくれないかネ」

電話の声は弾んで聞こえる。草壁さんには「ワルシャワの人形」でお世話になっている以上、「ダメです」と言うわけにもいかず、「前向きに検討しましょう」ということで電話を切った。

さっそく社内手続を終え、「原爆もの」ということで、テレビ長崎（ＫＴＮ）からも共同制作のＯＫの返事をいただいた。

ポーランド側は、ビオンチェック監督が制作監督にきまった。映画制作といってもわれわれとは多少異なっており、ほとんどが二十分程度の短篇映画であった。それに日ポ共同制作といっても、あくまでフィルムは別回しということでスタートした。

日本側は、ＴＮＣ、ＫＴＮの共同制作ということも考えて、かつて岩波映画でその人ありといわれた黒木和雄監督に白羽の矢を立てた。黒木監督は草壁さんとも昵懇《じっこん》の仲であったことも好都合だった。黒木監督は宮崎県出身の九州人、草壁さんも福岡県出身の九州人とあって期せずして〝九州勢〟の揃い踏みとなった。黒木和雄監督は岩波映画社から飛び出し、「青の会」を結成した。ピカソの青の時代にあやかったのだろうか。私がのちに「夢野久作」で世話になる岩佐寿弥さんも一緒だった。

黒木監督は「走れ　マラソンランナーの記録」で君原健二選手をドキュメンタリーにしている。この時、君原の脚の故障で制作中止の憂き目にあうが、三〇フィート、五〇フィートの端尺フィルムを仲間たちから譲り受けて、独自で制作を完成させたという映画人の強靭な思いに、私は強く魅せられていた。

黒木監督は、この企画を草壁さんから聞いた時、井上光晴の『明日』に興味を持っていた時なので引き受けたと語っている。『明日』は長崎への原爆投下までの二十四時間を描いたものだ。村松友視の『泪橋』を撮り、次の作品として映画会社を回ったが「暗い」との理由で、どこも相手にしてくれなかったという。そんな時に草壁さんからの誘いだった。

長崎、四十年目の原爆

原爆投下から早くも四十年を迎えようとしていた。

昨今、被害者と加害者との間で、原爆への思いがこうも隔たるものかと不思議でならない。アメリカでは郵便切手の図柄に「きのこ雲」が使われていたが、ようやく消えた。日本からの強い抗議のせいではないだろうが、アメリカ国内でも、いろいろな意見や理屈があるに違いない。しかし、なぜ原爆を使用したのか、戦後四十年たっても明快な答は返ってこない。

戦争を早く終結するために、あえて非人道的な原子力爆弾を使ったというアメリカの主張はあくまで勝者の論理でしかない。これほど強力な破壊力を持ったものとは思わなかったのではないか、という意見もあるが、それではなぜ長崎、広島と連続投下をしたか筋がとおらなくなる。

いずれにしても、日本人を恐怖のどん底に追いこむ心理作戦以外には考えられないのである。それにしても戦争とは残酷極まるものと、すべての日本人は思い知らされた。

とくに被災地、長崎、広島の人たちの原爆への思いは深刻であった。

「原爆とアウシュビッツ」に共通するものは、二十世紀における〝人間の大罪〟ということであろう。

黒木監督を中心にした制作スタッフには、テレビ西日本から兼川晋プロデューサー、テレビ長崎から深堀桂プロデューサーがそれぞれ加わり、侃々諤々《かんかんがくがく》、素材について検討が続けられた。

長崎市城山町にある城山小学校の運動場に、「かよこ桜」と名付けられた桜の古木がある。長崎大学の永井博士が寄贈した桜にまじって今年も美しい花を咲かせた。

樹齢も四十年を超えた古木で、高さ四メートル、木の幹は五〇センチもあろうか。この「かよこ桜」を主題にドキュメンタリーを作ることになった。黒木監督もかよこ桜に魅せられたという。映画製作者の直感だろう。私も異論なかった。

今から十六年も昔のことである。

かよこ桜の贈り主は、林津恵さんという長崎市馬場一丁目に住む八十歳の女性であった。林さんはどのような理由で城山小学校に桜を植樹したのだろうか。この点に興味は集まった。

昭和二十（一九四五）年八月九日、長崎に原爆が投下された日である。その日の朝、林津恵さんの一人娘、嘉代子さんは、県立長崎高女四年生で、城山小学校に特設された三菱兵器製作所に出かけた。学徒動員であった。

爆心地に近いこの小学校は、鉄筋の校舎が飴細工のように形を変えるほどの被害を受けた。

母親津恵さんは、原爆投下の日から一カ月が過ぎようとしていた九月上旬、何度も探したはずだった城山小学校の二階踊り場付近で、焼けてすっかり変わりはてた嘉代子さんを見つけ出した。

衣類は焼けていたが、紺地の防空頭巾だけがわずかながら姿を残していた。

「久留米絣は火に強いから」と持たせていた頭巾だった。その頭巾の中に、津恵さんが諏訪神社からいただいた「お守札」がしっかりと縫いこんであった。この守札で、嘉代子さんとわかった。あと二日で十七歳の誕生日を迎えるところだった。

「虫が知らせると申しますか、あの日の朝、お友達がお誘いにみえたんですが、なかなか出かけようとしないんでございます。身体の具合でも悪いのかって心配いたしました」

津恵さんは四十年前のことを、つい昨日のことのように語った。

津恵さんの話す言葉は、今ではすっかり聞かれなくなった山の手言葉であった。夫の潤さんは、戦艦武蔵を建造した三菱造船所の幹部社員であったから、それも当然だったかもしれない。

原爆投下直後は外に出られる状況ではなかったが、母親の執念がそうさせたのか、ほとんど毎日のように城山小学校を中心とした界隈を歩き探し回ったという。夫の潤さんが、津恵さんの身体を心配したほどであった。

「原爆で焼きつくされた市内をさまよい歩き続けました。焼けこげて、「水をくれ」と虫の息の下から言葉をかけてくる人たちの声が、忘れようとしても忘れられないのでございます。

先の方に、お母さんらしい方が道端に腰をおろして、赤ちゃんにおっぱいを飲ませているらしいんですね。こんな時に、こんな所でと思いまして寄ってみたところ、赤ちゃんはおっぱいをくわえたまま、お母さんもそのままの姿で、もうこの世の人ではなかったのでございます。こんな酷いことがあっていいものかと、神様をうらみました。子供にお乳を飲ませている時の母親の気持は、本当に平和そのものなんでございますよ。原爆を許すわけにはまいりませんでした」

いつしか、津恵さんの声は涙に濡れて言葉にならなかった。

私自身、戦後、誰にも言わず実行していることが一つある。原爆を落としたアメリカにはどんなことがあっても行くまいと決心している。「アメリカ大統領が原爆投下を詫びるまでは」が条件だが、「そんなことを言ったら生涯行けやしないよ。アメリカ大統領が謝罪なんてする道理がないじゃないか」と笑い飛ばされるのがオチかも知れない。

われわれは林津恵さんを主人公に据えて「原爆」を裁くことにしたのである。

一方、ポーランド側では林津恵さんとは対照的に若い女性を日本に送ることになり、ワルシャワ大学の協力で日本語科四年生のヨアンナ・ソファが選ばれた。この選考には、草壁さんと黒木監督がワルシャワに飛び、ヨアンナ・ソファに白羽の矢を立てたのである。

ヨアンナについて、われわれスタッフはヨアーシャと呼ぶことにしたが、ワルシャワ大学日本語科の岡崎教授の強い推薦だけに、たどたどしさのなかにも、彼女の日本語には何かしら情感が漂っていた。黒木監督は、林津恵さんにとって、ヨアーシャは最適のレポーターだと太鼓判を押すほどの入れ込みようであった。

黒木監督の予感どおり、津恵さんと一目会った時から不思議な母子にも似た情愛が、二人の間に感じとられたことは、スタッフ全員の認めるところであった。ヨアーシャの話す日本語は津恵さんの山の手言葉とどこか相通ずるものがあった。

当初、私はこの企画が持ちあがった時、レポーター役には、栗原小巻さんか吉永小百合さんを考えていたが、結局は黒木監督の「ポーランドにしましょう」の一言できまってしまった。結果的にはヨアーシャという人間にめぐり会えて幸運を拾った感じである。

記念植樹する林津恵さんとヨアンナ・ソファ

長崎でのロケは順調に進んだ。

昭和六十年四月、原爆投下から四十年の歳月がたっていた。

城山小学校の運動場に咲いた六本（当時）の桜の古木「かよこ桜」と土手に植えられた桜の木々は、今が盛りと咲き誇っていた。

ヨアーシャを案内した津恵さんは、

「あっ、嘉代子が来ている」

満開の桜花に思わず叫んだ。

ヨアーシャにとってはじめて見る桜だったが、その美しい花の姿にしばらく声も出ない様子だった。

「カヨコが来ている?」

津恵さんの顔をのぞきこむようにたずねた。

「私のね、一人娘の嘉代子が原爆で亡くなったの。その嘉代子が桜の花になって、毎年私に会いに来てくれるのよ」

ヨアーシャは黙って、ただうなずくだけだった。

ポーランド人にとって許せないアウシュビッツがあるように、日本人にとっても原爆は許せないものだと、現実に長崎を訪れ、長崎の人と会ってヨアーシャは実感することができた。

津恵さんは家に戻ると、タンスに大事にしまっていた嘉代子の晴れ着をヨアーシャに着せた。そして仏壇に供えてあった嘉代子の遺品を見せながら、「これが頭巾の内側に縫いつけてありましたお守りさんです。不思議と燃えないで残っていましたのよ。これは財布で、これも残っているのが不思議なくらいですの」と、ヨアーシャに語りかけた。

津恵さんは、ヨアーシャを前に、四十年の澱《おり》を洗うように、あの日のことを語り続けたのである。

津恵さんとヨアーシャとのつきぬ語らいを、カメラマンの大津幸四郎さんは、重たいアリフレックスを膝立ちのまま手持ちで四十五分間回し続けたのである。

津恵さんもヨアーシャも泣き、かたわらのスタッフも誰もが手放しで泣いていた。大津カメラマンの顔も涙でクシャクシャになっていたことは言うまでもない。

「凄い」作品になりそうな予感は十分に感じていたが、これほどまでに、感動的な作品になるとは夢にも思わなかった。

ポーランドスタッフの長崎取材

黒木監督は『黒木和雄の全貌』のなかで、「かよこ桜の咲く日」の項に「やらせ」と「事実」について触れている。

ドキュメンタリーのなかで「やらせ」と「事実」を弁別する基準は何か。非常に見極めがたい。「やらせ」的な設定を実在の人物に与え、そこで芝居をさせずに、さらに彼ら自身の動きに自然な発露がある時、やはり、そこに一つの感動が生まれる可能性がある。要は設定をこしらえても対象を全く「支配」しない点が肝要なのである。放任するのではなく、すべて人物たちに委ねるのである。

林津恵さんとヨアンナが桜の下で会うところからこの物語は始まるのである。黒木さんの台本にはト書きは記されていたが、せりふは一切なかった。つまり、一応の設定はあったが、映し出されたものは一切「やらせ」ではなかったのである。それだけに、「迫るもの」を感じた。

アウシュビッツと長崎

アウシュビッツと長崎。この二つの都市を結ぶ鍵はもう一つあった。コルベ神父のことである。神父は戦前、聖母の騎士修道院に修道神父として在籍したことがあった。今も、コルベ神父が使った愛用の机と椅子は修道院にそのまま残っている。

マキシミリアノ・コルベ神父が長崎に住んでいたのは昭和五（一九三〇）年四月からだから、やはり、桜の花が満開であった。

コルベ神父も桜が縁で長崎を訪れたという。昭和十一年、ようやく日本も慌ただしい時代を迎えようとしていた時、コルベ神父はポーランドに帰国した。コルベ神父が遺した「聖母の騎士」誌は、今も長崎で息づいているのである。

それから三年後、ポーランドはソ連とドイツに分割され、やがてコルベ神父はアウシュビッツ第二キャンプに送りこまれた。コルベ神父は昭和十六年八月十四日、他人の身代わりになって、ガス室におもむいた。四十七歳の時であった。

コルベ神父が生涯を終えたビルケナウ収容所の有刺鉄線の柵は、当時のまま残されている。長崎から帰国したヨアーシャは、ビルケナウ収容所を訪ね、コルベ神父の在りし日を偲んだ。長崎でミロハナ神父に聞いたコルベ神父のことを有刺鉄線とオーバーラップさせながら〝人間の大罪〟とは何かについて深く心の底に刻みこんだのである。

ポーランド・ニエポカラノフのコルベ神父館

他人の身代わりになって、ガス室におもむいたコルベ神父の心情と、原爆で愛する一人娘を奪われた老母の心情、それぞれが走馬灯のようにヨアーシャの心のなかを駆け抜けていった。

ヨアーシャはその足で、ブジェツクの町を訪ねてみた。コルベ神父が身代わりになったガヨビニチェフが存命だと聞いたからだった。その時、彼はすでに八十四歳で死の床にあった。彼からついにコルベ神父への気持を聞くことはできなかった。

林津恵さんは、ヨアーシャとの別れを惜しみながら、昭和六十二年春、桜の花の便りを聞いたあと静かに旅立った。ヨアーシャはワルシャワ大学を卒業すると東京大学へ留学、留学中に知り合った恋人と幸せな家庭を築いていると聞いた。

ドキュメンタリーにはピリオドがないといえばわかりやすいかもしれない。「人間の記録」には必ず「その後」があることを忘れてはならないと自覚している。

「ワルシャワを見つめた日本人形」は極めて興味深い「喜波貞子の謎」を残してくれた。ポーランドとの友好ムードも高めてくれた。その友好の蕾は、翌年このようにして「かよこ桜の咲く日」に開花していったのである。

それから十年がたって、アンジェイ・ワイダー監督の善意で、彼の愛する古都クラコフに「日本美術館」が誕生した。彼が数年前、京都映画祭でクランプリを取り、その賞金を基金に開いたのだ。日本の多くの有志たちの協力があったことは、もちろんである。

美術館には明治時代、ポーランドの貴族ヤジェンスキーが購入した浮世絵を中心に展示されている。当時大統領であったワレサも日本美術館のテープカットに駆けつけ、日本との友好をうたいあげたのである。

何はともあれ、ドキュメンタリー・ハンターとして、走りながら考え続けていくのが、なぜだか楽しいのである。

いま女が語りつぐ……戦艦大和

手紙

戦後五十年経った現在でも私はあの戦争を想い出します。

彼と出合っての短い結婚生活。彼は私に戦争の悲しみを教えてくれました。これは私にとりまして貴重な体験でした。

夫（再婚）との四十年の結婚生活、当然いろいろなこともございましたが、二人の子供にも恵まれ、夫が亡くなる最後に、「家族とはお前と二人の子供だ。二人ともよい子だった」と私に言い残した言葉で、私は四十年のつらかったことはすべて忘れ、楽しかった思い出だけを残してくれました。

人は二つの道を歩けません。私は夫と歩いた四十年を悔いのない歳月だったと思います。

夫がもと軍人だったということで知った、生き残った人たちがそれぞれの重荷を背負って生きているあの戦争の悲惨さを思い出すと、戦友の高田様のお気持ちも十分理解できます。

中島武さん

私は今でも海を見ると彼のことを、空を見ると飛行機が好きだといって、戦中、戦後の二十年間パイロットだった夫のことを思い出します。
新年は娘、息子の家族と揃って迎えることができました。夫が欠けた寂しさはありますが、
これが平凡な家族の幸せだと思っております。

これは関西地方を襲った大地震で神戸、宝塚、芦屋など各地で大きな被害が起こる数日前にいただいた手紙の文面である。手紙の主は東京に住む中村利恵さん（仮名）であった。中村さんとは、つい一週間ほど前に、新宿の京王プラザでお会いしたばかりであった。七十歳とは思えない若々しい姿だった。

中村さんは辺見じゅんさんの主宰する「自分史研究会」の聴講者で、辺見さんを通じて取材方をお願いしていた。彼女はあくまで匿名ということで取材に応じてくれた。

利恵さんが二十歳の時、従兄の紹介で同じ海軍士官の中島武さんと知り合った。中島さんは福岡県若松市

（現・北九州市）の出身で、旧制小倉中学を卒業後、海軍機関学校に進んだ。当時中島さんは海軍大尉で戦艦長門に乗り組んでいた。

利恵さんの父は冷暖房機を造る会社を経営していたが、昭和二十（一九四五）年に入ると戦況が思わしくなく、ほとんどの従業員が兵隊や軍需工場の徴用にとられて仕事にならなかった。

利恵さんの母はすでに亡く、二人の姉たちは他家に嫁いでいたから、父の面倒は利恵さんがみなければならなかった。二人の弟たちも疎開先から町工場に動員されていた。

訪ねてくる中島さんに、しばしば父は顔をしかめることもあったが、利恵さんは素知らぬふりをして話し相手になった。昭和二十年三月に入って、従兄の口から中島さんとの結婚話が持ち出された。性急ではあったが、その月の二十七日、利恵さんの家でささやかな結婚式が行われた。

三月十九日にはアメリカ軍による東京大空襲があったばかりである。とりあえず固めの盃だけを終え、その足で熱海へ急いだ。熱海の海軍の寮の方が東京より安全だったからである。ところが、熱海の第一夜に、「至急帰艦せよ」と電報が飛びこんできた。

発信者は戦艦長門の砲術長の高田知夫大尉だった。冒頭の手紙にある「高田様」は高田大尉のことである。

連絡によると、何時になってもよいからヘンミ橋（横須賀）のたもとに舟艇を繋いでおくということであった。緊急電の内容は戦艦大和への転勤命令であった。

普段なら、戦艦大和は日本海軍のシンボルであり、大いに喜ばしいことに違いなかったが、今回だけは事情が違っていた。すでに、沖縄近海への出勤がきまっており、それも特攻出撃であった。すべての乗組員は生きて帰れぬ運命にあった。

当時のことを想い出しながら高田さんは語ってくれた。

中島さんと利恵さんの結婚式の写真。番組では利恵さんにぼかしが入った

「中島大尉が帰艦したのは午前二時頃だったと思う。大和への転勤命令は意外なようだった。その日の結婚式には長門の副長まで出席しているし、第一、海軍士官の場合、結婚は、海軍省の許可がなければできないことになっているんです。死に行くときまっている人に結婚許可を出すかどうか。私ならそれはできないね。

だから、中島大尉は意外に思ったんですね。決死隊なんですから、私も今でこそ言えるのですが、ほんとにこの命令を握りつぶそうかとも思いましたが、冷静になってやめました。

だから、胸のうちに詰ったものを吐き出すように、朝まで語り明かしました。

私が中島大尉を死地に追いやったような気持です

し、こうやって生きながらえていることを思いますとね。やるせない気持で一杯です」

高田さんは、東京世田谷の閑静な住宅地で今なお健在である。

中島さんは利恵さんには戦艦大和へ転勤になったことだけを知らせた。

中島さんは「大和に乗れるのは軍人としてこの上もない名誉なことだ。大和は大きなホテルのようで絶対に安全だからね」と利恵さんに言った。

利恵さんは大和と聞いて安心し、夫が神国日本のシンボルに乗ることを喜んだ。

若い夫婦は、四月一日、結婚写真をとるため築地の知人の写真館に行き、近所の髪結さんに頼んで文金高島田を結ってもらい、花嫁衣装をつけた。

翌日、満員の汽車に乗って呉に向かった。戦時中としては珍しい新婚旅行であった。呉では、戦艦大和を見せ、その足で郷里、若松へ向かった。

中島さんの胸のなかには二つの理由が秘められていたのだが、利恵さんには知る由もなかった。一つは、大和に乗艦する前に一度郷里を訪ね、父母に人知れず別れを告げたかった。今一つは、利恵さんに郷里を見せ、両親兄妹縁者に引き合わせておきたかったのである。自分の死後、家族と仲良くやってもらうためにも必要なことだと思っていた。

あとで利恵さんが語ったところによると、呉の旅館では中島はほとんど一睡もしなかったという。美しい利恵さんの寝顔を喰い入るように眺めて夜を明かした。

今生の別れと思うと切なくつらかったが、美しい新妻の寝顔を見ていると不思議に気持がやわらぐのがわかったと言い残している。利恵さんは「中島武さんを偲んで」という手記に次のように書いている。


ふと人の気配で目をさますと彼が私の枕元に座っていました。

「ずっと君の顔をみていたのだよ」

「結婚したことを後悔していないかい」

「もし戦死したら、又誰かと結婚する？」

彼は私をからかうように言うのです。

「わしは、やきもちやきだからなあ」

と笑いました。そして冗談のように、

「良い人がいたら、又結婚して幸せになるのだよ」

と言うのでした。

私はあの時、彼が数日後に戦死するなど夢にも思いませんでしたので、その言葉をすべて冗談と思い、一緒に笑いました。


四月四日、若松で親戚披露が行われ、利恵さんは当分の間、若松に腰を落ちつけることになったのである。

翌五日、中島さんは、山口県三田尻（防府市）から戦艦大和に乗り込むため若松を発った。利恵さんも下関まで見送った。切符は門司までしか買っていなかったが「下関まで」と中島さんが言うので、その言葉に従った。無論その間は無賃乗車だった。

汽車が関門トンネルに入った時、中島さんは突然「戦争って嫌なものだネ」と耳もとでささやいた。

利恵さんは一瞬、驚いたように中島さんを見た。

「その時、彼の言葉が理解できませんでした。当時の軍人は戦争に行くものと単純に考えていましたから。でも、戦死に結びつけて考えてはいませんでした。当時、軍人としてはタブーとされていた言葉を、私に残すなんて、生涯忘れられない悲しい言葉として残っています」

彼女の驚きがいかに大きかったか、この文章にうかがえる。

下関のホームで別れる時、利恵さんは自分の写真一枚と万年筆を、夫の万年筆、懐中時計と交換した。懐中時計は、文字盤に汽車の絵のついたフタつきの古いものであった。

四月六日午後、戦艦大和は三千三百余人の乗組員を乗せて徳山沖を出港した。多くの兵士たちは艦上ではじめて沖縄特攻作戦を聞かされたのである。四国山脈が夕日に赤く映え、山陽路の桜が夕映えで浮きあがって見えた。将兵たちにとって言葉にならない感慨で、胸が塞がれていたに違いないと思う。

奇しくも生還できた人たちが一様に「これで美しい日本の姿が見られぬと思うと、胸にグッとこみあげてくるものがありました」と語っているのでもわかる。

翌七日早朝、大隅海峡を過ぎ西へ向かう。それから間もなく、四百機にのぼるアメリカ軍機の執拗な攻撃を受けた。

同日午後二時二十三分、二千五百余名を超す将兵の命とともに戦艦大和は海に消えた。不沈巨大戦艦大和の最後であった。大和の最後について「戦闘詳報」は次のように短く記録しているだけである。

被害、沈没、
戦死、艦長以下二千四百九十八名

さらに付記して「思ヒ付キ作戦ハ精鋭部隊ヲモ、ミスミス徒死セシムルニ過ギズ」と。

満載排水量七万二八〇九トン、口径四六センチの主砲。昭和十六年、暮も押し迫って竣工した世界に誇る巨大戦艦であった。

大和の出現は、日米決戦に慎重だった海軍を開戦へと踏みきらせる重要なポイントであったことは間違いない。〝不沈戦艦〟とも〝鉄の要塞〟ともいわれ、神国日本の守り神でもあった。

「大和が存在する限り日本は勝つ」。このような信仰にも似た信頼を日本人のなかに植えつけていたのである。

「四月の七日か八日か、はっきり憶えていませんが、ラジオから大本営発表が流れていました。わが方の損害、戦艦一隻というのを聞きまして、まさかと思いましたが、すぐ海軍の従兄に聞いてみましたら、不沈戦艦が沈むはずないじゃないかと言われて安心しておりました」と利恵さんは語っている。

五月に入って、海軍省から東京の利恵さんの家に、大臣の婚姻許可証と一緒に中島さんの戦死の通知が舞いこんだのである。通知といっても、使いの海軍士官から「残念ですが彼は戦死しております」と告げられただけである。

利恵さんはその手記のなかで中島さんの戦死のことを次のように記している。

わたしはごく最近まで、彼が戦死したことがどうしても信じられませんでした。ある日、突然、私の前に現われ、そして消えてしまった人。

誰に尋ねることもできず、書店で今はもう歴史のコーナーに置かれるようになった戦記のなかで『男たちの大和』という本をみました。末尾に書かれている戦没者名簿、十六名の少佐のなかに「中島武」の名を見付けました。

とめどなく溢れ出る涙のなかで、活字になった彼の名を見た時、私は初めて彼の死は真実だったのだと思いました。

新宿の京王プラザホテルで、淡々と語っていた中尾さんの顔を思いうかべながら、人生とは何かを考えざるを得なかった。

五月二十三日の東京大空襲で利恵さんの家は焼けてしまった。父と娘は着のみ着のまま、母や兄の位牌と武さんのアルバムだけを持って出たのである。やがて信州の疎開先で終戦を迎えた。昭和二十一年秋、若松の中島家から連絡が入った。武さんの遺骨が帰ってきたというのである。若松港の船着き場の倉庫の前に祭壇が設けられ、遺骨が何段にも並べられていた。敗戦の混乱のなかでは、大がかりな慰霊祭などはばかられた時代であった。式場とは名ばかりのもので、狭いため利恵さん一人しか入れなかった。

「彼はなんのために死んだのか」という口惜しさが、あらためて湧き起こるのをどうしようもなかった。

「苦しまずに死ねたのだろうか。呉の宿で、一晩中、私の顔を見ていたという彼のやさしい顔が思い出されて泣けて仕方がなかった」という。

残されたもの

昭和二十三（一九四八）年二月、利恵さんは陸軍航空士官学校出のパイロット、中村芳郎さんと結婚した。

利恵さん二十三歳の時である。三歳年上の新夫芳郎さんは、シンガポールで終戦を迎え、昭和二十二年九月に復員したばかりであった。芳郎さんには戦艦大和と共に戦死した前夫のことは言わずにいた。言えなかったといった方が適切かも知れない。中島家に入籍していなかったので好都合だった。

結婚して二年目に長女、五年目に長男が生まれた。中村さんは〝空〟への執着で昭和二十九年航空自衛隊に入り、昭和三十一年に山口県勤務となった。

その年の四月七日、戦艦大和が沈んだ日であり、前夫中島さんの命日でもあった。この日、利恵さんは三歳の長男だけを連れて、再婚後はじめて若松市高塔山にある中島さんの墓参りをしたのである。

「男の子だけを連れての墓参り。なぜだかわかる」

私は、レポーター役をかってくれた辺見じゅんさんから質問を受けたが、最初はなんのことかわからなかった。

「女心なのよ」

辺見さんの説明を聞いて、涙が出るほど悲しい気持になったことを憶えている。

小さな男の子だと駅名もわからない。若松に墓参りに行ったと、父親に告げ口するおそれもないから、安心して墓参りできるという利恵さんの計算があったのでは、というのである。

広島県呉市の戦艦大和の慰霊碑

「男はシット深いからね」

十一年たって、胸の奥底に秘めた中島さんへの想いは誰にも知られたくなかったのであろう。その話を聞くたびに、そして、ビデオでその部分の映像を見るたびに、なぜか涙が出てきて止まらない。

歌人の辺見じゅんさんは昭和六十年、『男たちの大和』を著してノンフィクション作家としても華々しくデビューした。父は角川書店の創始者、角川源義さんであり、春樹、歴彦の二人の弟がいた。兄の春樹は角川映画でその存在を明確にし、弟は角川書店社長として角川書店を代表的な文化企業に導いた経営者である。

昭和五十九年の夏、辺見さんの発案で「海の墓標委員会」が発足した。

東シナ海に没したままの戦艦大和を探し出そ

うという途方もない企画であった。その企画がいかに困難なものであるかは、多少でも海を知る人には容易に理解できることだ。

そのことについて辺見さんは『レクイエム・太平洋戦争　愛しき命のかたみに』のなかでこのように書いている。

戦艦「大和」及び海で亡くなった方々の鎮魂のために大和の沈没位置を確認するというのが海の墓標委員会設立の趣旨であった。しかし、それまでに大和の海底探索は何回となく行われ失敗していた。にもかかわらず、私がこの無謀な計画に挑戦する気になったのは大和の生存者や遺族の方々の強い思いに動かされたからである。

大和への鎮魂、その言葉で角川書店が中心となって動き始めた。

昭和六十年七月三十一日、北緯三十四度四十三分、東経百二十八度四分、海底深度三一五メートルの地点で大和の艦首が発見された。艦首には菊花の紋章がはっきりと刻まれていた。

その後の「大和」

私も戦中に少年期を迎えた人間であり、大和には少年時代の誇りが一様に詰まっていた想いがある。大和がある限り負けはしないと信じていた人間の一人でもあった。

そして、『男たちの大和』を読んで感動した。ならば、「女たちの大和」をドキュメンタリーにできないかと考えたのである。男たちは、大和と共にいさぎよく戦い散っていったが、残された母や、妻や、娘たちの「戦後」はどうなっているのだろうか。私のささやかな祈りにも似た企画意図だった。

「『女たちの大和』のレポーター役を引受けていただけませんか」

私の願いに、辺見さんは快くＯＫしてくれた。

中島さんと利恵さんの話は、作品の中心的な存在で、辺見さんにとっても重たい存在であったと思う。


娘と戦争中の話をしました。三十五歳になった娘に、初めて私の過去のことを話しました。娘は私の話を聞いて涙を流してくれました。その時、娘にそっと頼んだことがございます。きめこみ人形のなかに武さんとの結婚写真を秘かに縫いこんでいましたから、それを私が死んだら柩のなかに入れてくれるように頼んだのです。

しかし、主人が亡くなって考え直しました。心のなかで中島ともすっきり別れようと思いました。写真も焼きましたし、中島家ともお付合いは止めようと決心したのです。

悲しいまでに女の気持を表現した言葉ではないだろうか。

私が新宿の京王プラザで利恵さんに会った時の印象は、とても七十歳とは思えない若々しさであった。積年の想いからフッ切れた女の爽やかさだろうか。街中へ消えてゆく後ろ姿にも淋しさは感じられなかった。


高田知夫さんについても触れておきたいと思う。

今年も高田さんから賀状を頂戴した。何年か前の賀状には、「ご本はまだですか」と認められていた。私は今、賀状を思い出しながら筆をとっているところである。

高田さんも戦後五十年間、中島武さんに対する思いを断ちきれずに生きてきた一人である。

彼はしばらくの間、海軍兵学校や軍艦関係の同窓会や戦友会には一切、顔を出さなかった。理由は自分だけが生き延びたことに対する亡き戦友たちへの詫びであり、その想いがそうさせていた。

平成六（一九九四）年五月、足の不自由な妻と二人で、若松の中島武さんの墓参をし、四十九年ぶりに泉下の中島さんと語り合ったのである。


戦艦大和は今もなお、海底深く静かに巨体を横たえている。

太平洋戦争は「大和に始まり大和に終わった」といわれる。昭和十一（一九三六）年、戦艦大和、武蔵の両巨艦の建造をきめた。

昭和六年、満州事変をきっかけに同七年には満州国建国、翌八年三月には国際連盟脱退へと追いこまれていく。そして昭和九年十二月、ワシントン、ロンドン条約が相ついで破棄され、海軍拡張が始まったのである。

対ソを意識する陸軍に対して、アメリカを標的に大艦建造をめざす海軍は大和、武蔵建造に走った。航空機か、巨艦か。すでにアメリカやヨーロッパでは航空戦略が近代戦争の中核であったが、海国日本はあくまで巨艦主義にこだわった。日本の悲劇はすでに昭和十一年に始まっていたともいえよう。

大和は片道だけの油を積んで出撃したが、なぜなのだろうか。「特攻だから」という答だけでは十分に得心できない。当時の日本としては、大和を沈めなければならないなんらかのせっぱ詰った事情があったのではあるまいか。

その事情とは、おそらく日本人に敗戦を決意させるためではなかっただろうか。

あまりにもでき過ぎた話だと言われそうだが、「大和信仰」に訣別するためにも海に消えるしか道はなかったと考える方が、筋が通っていると思う。

大和と共に南海に散った戦死者は、二七二三名である。

広島県呉市は、大和の故郷でもある。かつての軍港呉に海軍墓地公園があり、毎年四月七日は全国から参拝者が訪れてくる。「戦艦大和戦死者の碑」の裏には、海の男たちの名前が刻まれている。

海の男たちのなかには十七歳の少年水兵たちもいた。平和ボケの今、世のなかは十七歳犯罪症候群に汚染されているが、昔日の感が深い。

私たちが取材した山口県萩市熊谷町出身の刀祢《とね》登さんもその一人である。十六歳で海軍に志願し、大和に乗り組んだ。少年水兵たちにとって不沈戦艦大和は大きな憧れであった。

戦前の農家はどこも子沢山で、登さんは七人兄弟の次男として生まれた。寺に小僧として出されたがたびたび逃げ帰って来たそうである。海軍が大好きで志願したが、一年後に若い命を散らしてしまった。

登さんの母ヲウメさんは九十三歳まで健在であったが、「登がかわいそうじゃけんのう」と口ぐせのように話していたのが印象的であった。

大和の羅針盤に体をくくりつけて、ともに海のもくずと消えた花田泰裕さんの話も強烈である。花田さんは掌航海長として大和と運命をともにしたのである。三十七歳の男ざかりであった。

妻カメノさんを取材した時の話である。

花田さんが戦死した時、カメノさんは三十三歳の若さであった。兄弟から再婚話が再三あったが、一人娘のためにも再婚はあきらめた。

「花田の忘れ形見じゃけん。大事に育てんと」

花田泰裕掌航海長の妻・カメノさんと娘さん

カメノさんは仏壇のなかの花田さんの遺影に向かっていつもこうつぶやいた。

傍らから忘れ形見の朗子さんが、

「三十七、八の方を見ると父を想い出します。このくらいの年で亡くなったんだなと思いましてね。もうちょっと生きとって欲しかったなあと思います」

と父のことを語っている。

泰裕さんは、妻カメノさんに遺書を残していた。

カメノにおくる。

人生四十年、随分思い出は多い。至らぬ俺に仕えたお前は、随分苦労もあったことと思う。要は、真に世のなかのお役に立たんがため、随分無理も言った。すべては許せ。今となってみれば、何事も言うことなし。

朗子は私のすべてを頼むところ、尽くしてくれ。

今までのことは、我は足らざる処も多からん。其の足らざる所はすべてお前に一任す。よろしく善処してくれ。


いま、二七二三名の戦死者の遺族はどのように暮しておられるのだろうか。

すでに八十歳をこえてなお、夫の菩提を弔っておられる方も大勢おられると思う。十三年前に「いま女が語りつぐ戦艦大和」を制作した折に、取材に応じていただいた方たちのなかで所在がつかめない例もある。今頃どうしておられるかと思案しながら、遺族の方々の多幸をひたすら祈るばかりである。

三重県四日市市に住む内田貢さんの話は「大和異聞」といってよく、興味が深かった。

内田さんとは番組制作以来、賀状を交換している。内田さんの身体のなかには、五十数年を経た今でも弾片が残ったままであるという。全身傷だらけで、顔にも無数の傷あとが残っている。一三〇カ所以上の摘出手術をうけた不死身の人である。

「この傷がなかったら、助かっていなかったでしょうね」と内田さんは語っているが、その傷のほとんどは、昭和十九年十月二十六日のレイテ沖海戦の時に受けたものであった。

大和の九番機銃の射手であった内田さんは、アメリカ軍機から狙いうちにされた気配がある。

艦中央部に、甲板から張り出すような形の銃座があるが、それが内田さんの九番機銃であった。僚艦の戦艦武蔵は無念にもレイテ沖で沈没、大和も多くの死傷者を出しながら無事に帰艦したのであった。

内田さんは全身に一トン近い銃弾を浴びて、呉海軍病院に入院。昭和二十年三月三十一日、呉の海軍病院をこっそり抜け出した内田さんは、そのまま大和に乗り込んだのである。

「まさか白衣のままじゃないでしょうね」

「そりゃそうです。軍服に着替えて乗りこみました」

内田さんは衛生兵の軍服を着用、一等兵曹の腕章もつけて暮夜、ひそかに大和に向かった。一メートル八〇センチ、一〇〇キロの巨漢。傷はまだ完全には癒えてはいないのである。

前夜、見舞いにきた戦友の様子がどうもおかしい、別れにきたのではないか感じた内田さんは、「私も大和で戦友と一緒に戦って死にたかった」との思いで、大和に無断乗艦したのであった。

大和の舷門には先夜、見舞いに訪れた戦友が当番で立っていたので、計画どおり最低部にある電線通路に下りて行き、身を隠していた。

電線通路は艤装当時のことを知った人間でなければわからない秘密の通路である。出航するまでは、誰にも見咎められないように細心の注意をして隠れていた。

四月六日夕刻、三田尻沖を沖縄に向けて出航した。折から五分咲きの桜が夕陽に染まって浮きあがるような山陽路も、夕日に赤く燃えた四国山脈も、船倉の内田さんは見ることはできなかった。

三三三三名の全乗組員の名簿に、内田一等兵曹が乗っていたという記録はどこにもない。内田一等兵曹はあくまで呉海軍病院に入院中なのであった。内田さんが抜け出したあと病院側の知るところとなるが、表沙汰にはならなかった。内田さんは救出されると直ちに呉海軍病院に収容され、ずっと入院していたことになったという。

四月七日早暁、大隅半島を過ぎ西へ向かっていた大和は米軍機に探知され、猛攻撃を受けた。戦闘が始まると、内田さんは艦内を走り回り、負傷の身体をいとわず戦い続けたのである。それからしばらく、何かあったのか、自分が何をしたのか、さっぱりわからなかった。気がついた時には駆逐艦磯風に救助され、しばらく死体と一緒に放置されていたという。身体全身の血と重油の汚れで生きている者の姿ではなかったそうである。

内田さんは八十歳を過ぎてなお元気である。未だ、身体のなかには敵弾の破片が残っているという。生涯大和を背負って生きていく運命にあるのかもしれない。

あゝ鶴よ

ノモンハン五十年目の証言

戦争に敗けた。捕虜になった。ただそれだけの理由で日本の国籍を捨てなければならなかった人たちが何千人もいた、と言っても信じてくれないだろう。ましてや、平和にすっぽりとつかってしまった日本の若者たちには、全く関係のない〝戯言《たわごと》〟としか聞こえないのではないだろうか。信じられないことが現実に起こっていることを知って、私は悲しかった。なんとかしてこの事実を世のなかに知らせることができればと思った。

これがノモンハン事件に焦点を当てたドキュメント「あゝ鶴よ」の発端であった。

突然の始まり

ドキュメンタリー番組の企画は、なんの前触れもなく突然始まる。

昭和六十（一九八五）年九月二日「西日本新聞」朝刊のある記事がスタートであった。

いつもならば、朝食と新聞で気忙しい朝のひととき、同時進行ですますことが多いのだが、この日ばかりはいつもとは違っていた。モスクワ駐在の大熊特派員発で、「ソ連に幻の日本人、ノモンハンの生き残りか?」という囲みの記事が目に飛びこんできたからである。

およそ、この世のなかで「幻」という字ほどロマンチックな響きを持つものはない。「幻の日本人」というだけで、十分に魅きつける要素を持っている。そのうえ、「ノモンハン」という五文字が私には鮮烈に映った。つい何日か前に雑誌で、ノモンハン事件についての記事を読んだばかりだったから、何か運命的なものを感じたのである。

雑誌の記事は「ソ連で生きている四千人の英霊」という衝撃的なタイトルが付いていた。

筆者は元関東軍憲兵准尉の福田義治さん(故人)で、それによると昭和九年、旭川騎兵第七連隊に入隊、昭和十年、関東軍憲兵に転属、対ソ連スパイ活動に従事した。昭和二十年、チチハルで終戦を迎え、ソ連軍の捕虜となって昭和三十一年に帰国するまで十年以上にわたって極寒の地で虜囚生活に耐えてきた人物である。福田さんの死後、ようやく世間に発表されたものだった。

ノモンハンといっても知らない人がほとんどであろう。

旧満州の西北部、興安北省、別名をホロンバイルと呼ばれる広大な草原地帯である。

ただ草原といっただけでは正確さは伝わってこない。水のない、乾ききった草原。夏季には、およそ想像もつかないような大きな蚊の大群が襲ってくる。蜂蜜採集の時に使う防蜂網のような被りものでもないかぎり、寸時も我慢できないほどである。東は興安嶺、西北はソ連、南にモンゴル共和国と三方が国境である。

昭和七年、日本軍が満州に進出して以来、この地域での国境紛争は絶え間がなかった。

ハルハ河、ホルシュテン河以外は、小高い丘の上に小さな石を積み、柴木を立てその上に旗を立てるオボというのが国境標識に過ぎない。だから羊を追う遊牧民たちには国境など無意味な存在でしかなかったのだろう。

昭和十三年の張鼓峰事変にしろ、翌年五月に起きた第一次ノモンハン事件にしても、遊牧民たちとそれを護衛していた少数のモンゴル国境警備隊の人たちが、たまたま国境ラインを越えたというのが原因だったといわれている。

今の若い人たちにはわかりにくいことかも知れない。そんなことぐらいで戦争になってしまう仕組みそのものが理解できないと思う。しかし、国境紛争などというのは古今東西を問わず、取るに足らぬと思われるようなことが発端になるものである。アゼルバイジャンとアルメニア、そしてユーゴ、東西ティモールなど、この種の紛争は今でもあとを絶たない。

ノモンハン事件へ

ノモンハン事件を振り返ってみよう。

昭和十四（一九三九）年五月十一日、当時、満州国（今の中国東北地方）とモンゴルの国境にあるホロンバイル草原のノモンハン付近で紛争が発生した。

小松原道太郎中将の率いる第二十三師団と関東軍第六軍が投入され、戦闘は三カ月に及んだ。

しかし、ソ連、モンゴル連合軍の強い反撃にあい、相当数の戦死者を出すなど大きな打撃を受けたのである。九月十六日、停戦協定が成立した。この頃、ヨーロッパではヒットラードイツが怒濤のようにポーランドに攻めこみ、第二次世界大戦の幕が切って落とされたばかりである。

明治三十八年、日露戦争後、東支鉄道（南満州鉄道の前身）を日本に譲渡したソ連は、スターリンの時代を迎えて軍備拡張、富国強兵の道を急ピッチでつき進んでいた。国内的には、スターリン体制固めのために、反スターリン派へ血の粛清を徹底して行っていた。

ノモンハン事件も、ソ連にとっては、新装備の機工兵団の戦力テストでもあったと思われるのだが、いずれにしても、日本の武器は日露戦争当時のものを主軸にしたというから、所詮、戦争にはならないのである。

前年の張鼓峰事変の時に、ソ連機工兵団を局地的に撃破したという戦果が、日本軍を誤らせた原因の一つにあげられるかもしれない。

もう少し、ノモンハン事件の戦況を見てみよう。

当時の戦闘は、戦車が主力であった。日本の戦車は平地で走るスピードに主力を置いていたので、凹凸の多い草原大地ではあまり役に立たなかったという。戦車砲を比較しても、日本の曲射弾道に対してソ連の戦車砲は直射弾道だから、ここでも勝負にならなかったわけである。

小松原兵団は、五月からの一次と八月からの二次戦争で、約九千人が死傷したと伝えられた。

日本側の捕虜も福田さんが指摘するように四千人とも、あるいは九千人ともいわれるように確実な数はわからない。捕虜交換は二百名だったというから、その他の人々は、ほとんどが戦死公報で国内処理されたのであろう。

捕虜交換で帰隊した人たちも自決の勧告を受けたり、太平洋戦争が始まるとガダルカナルやビルマ戦線の死地へ送り出されたりと、さんざんな目に遭わされたようである。

昭和六十年九月二日付「西日本新聞」の「幻の日本人」から二週間後、やはり「西日本新聞」朝刊の投書欄を読んで思わず声をあげた。

投書の主は福岡市博多区に住むAさん（匿名）となっていた。

この日、九月十五日はノモンハン事件停戦協定が成立した日であり、事件から四十七年が経っていた。

投書によると、Aさんは中国東北部（旧満州）の新京特別市の高射砲隊で終戦を迎えた。昭和二十三年八月に帰国するまで、中央アジアのアングレン捕虜収容所にいた。その収容所でノモンハンで捕虜になったらしい元日本兵と会って言葉を交わしたことがあるという。

昭和二十二年九月末頃、仲間たちが田舎の農場にジャガ芋掘りに行った時のこと、近づいてきた日本人らしい一人の男が「私はノモンハンの捕虜だ。ソ連国民として現地の女性を嫁にしている。われわれの実家には当時すでに戦死の公報が届いているはずだ。皆さんが帰国の際には、この地区を通る時に日本の歌を歌って欲しい」と頼まれた。

投書の最後に「決して作り話ではありません」と結んであった。

日本にとって大変厳しい戦争だったノモンハン事件は、多くの隠されたものがあり、それらのほんの少しの部分が今、明るみにに出てきたような気がした。

ノモンハン事件当時の私は、尋常小学校四年生だった。戦争に負けたという話を聞いたことはなかった。神国日本は負けてはいけないのだから……。しかし、日本は敗けていた。そして大量の捕虜を出した。そして、多くの人が口をつぐんで語らなかった。

幻の日本人

ある知人から「捕虜」については『聞き書き日本人捕虜』の著者、吹浦忠正さんに会うように勧められた。

吹浦さんは、国会近くの永田町一番地の末次一郎事務所で仕事をしていた。末次一郎さんは佐賀出身で、ソ連通としても知られていた。吹浦さんはその頃四十歳を少し過ぎた、見るからに行動力にあふれた人であった。

昭和十六（一九四一）年生まれの吹浦氏が捕虜に興味を持ったのはなぜか。ノモンハン事件でないことはたしかである。以前、オランダのベアトリックス女王の訪日が元捕虜たちの反対でつぶされたことは知られているが、この一件で妙に捕虜というものに興味を持ったと語っていた。「捕虜体験」が書かれた著書は戦後でも数百篇に及ぶ。代表的なもので大岡昇平の『俘虜記』をはじめとして、遠藤周作の『海と毒薬』、安部公房『榎本武揚』、五木寛之『朱鷺の墓』、豊田穣『長良川』、大江健三郎『飼育』などの文学作品がある。また澤地久枝、上坂冬子、岩川隆、上前淳一郎、辺見じゅんといったノンフィクション作家たちは、「捕虜」をテーマに数々の秘話を発表している。

吹浦さんが捕虜に興味を持った高校生時代からすでに三十年。高校生時代にはよくわからなかったことでも時を経て気づいたり、捕虜経験者からの聞き取り調査などで貴重な知識を得ていたのである。

昭和十六年、当時の陸軍大臣だった東条英機によって、全軍に告示された戦場での規範である「戦陣訓」は、旧日本軍の背骨ともいうべき精神的規律であったといえば、理解してもらえるだろうか。「死して虜囚の辱めを受けず」という言葉はあまりにも有名である。この「戦陣訓」の存在があったためにジュネーブ条約は批准されなかったといわれているが、その正否は定かではない。ただ、この「戦陣訓」に結実する精神こそが、昭和の悲劇の根源の一つであったと言えるのではないだろうか。

総動員令の時代であり、大政翼賛会の時代であった。

「捕虜＝恥」の出発点は上海事変の空閑《くが》少佐事件であったと吹浦さんは言う。

空閑少佐事件というのは、昭和六年、上海事変のある戦線で、その部隊のほとんどが戦死、意識不明のまま捕虜になった空閑少佐が捕虜送還後、部隊が全滅した場所で拳銃自殺を遂げた。

それ以後、空閑少佐の自決は美談として語り継がれ、日本軍人の気持のなかに一本の大きな背骨として形成されていったといわれている。このような時代、「捕虜＝恥」という観念の図式が日本軍隊を支配したとしても別に不思議ではない。

昭和四十三年十二月、吹浦さんはモスクワの地下鉄の駅で一人の日本人らしい男と出合った。その当時としては、ソ連旅行は大変に珍しい時代であり、吹浦さんが日本人らしい男に興味を魅かれたのも人情である。

長い外套をまとったその男は、話しかけるでもなく吹浦さんに近寄って来た。

「あの……」と聞きとれないような細い声で何度か吹浦さんに話しかけてきたが、そのうちに地上に出てしまった。

駅近くのとある公園のベンチの近くで、やっと話しかけることができた。会話になったのである。

その時の模様を次のように語っている。

「わたしの方から、新幹線ができて東京から大阪まで、わずか三時間で行けることを話しましたらびっくりしていましたよ。

彼は、中村上等兵と言いましたが、軍隊のことを聞かれましたね。しかし、会話の間中、涙、涙でしてね。話がもつれ、舌がもつれて会話になりませんでした。私の方も色々聞いてみたのですが口が堅く言いません。それでも最後に中村ですと自分の名前はきちっと言いましたね。彼はシベリア帰りじゃないですよと念を押すように言うので、あっそうか、ノモンハンの捕虜だなと直感しました。

彼も私も、お互いに去り難く離れづらかったんですね。久しぶりに会った日本人だったのですから当然ですね」

中村上等兵というだけでは手がかりにはならない。私たちが取材する上で今少し資料が欲しいと思った。しかし、現実、大熊特派員の「幻の日本人」がいたということに大いに勇気づけられたのである。

それからしばらくして、末次事務所の末次さんから一枚の名簿資料を頂戴した。それはソ連地区からの未帰還者名簿の一部であった。昭和三十一年以降、なんらかの便りがあった人たちの名簿であった。

十六名のなかから、これと思しき人たちを選んで、片っ端から電話連絡をとってみた。そして、北海道厚田郡厚田村大字厚田五十一番地出身の毛内元太郎（モウナイゲンタロウ）さんが、ソ連のクラスノヤルスクに住んでいるらしいことがわかったのである。

福岡市のAさんの投書からすでに一年がたっていた。もちろんこの間、何もしなかったわけではない。

モンゴル大使館やソ連大使館に、再三にわたって企画意図を盛り込んだ取材願書を出したが、その都度、広大なロシア、シベリアだから調べようがないとつれない返事が返ってきていたのである。

今一つ、私たちが希望をつないでいたのが全国抑留者補償協議会の人たちだった。

福岡出身の後藤清明副会長が親身になって調べてくれ、斉藤六郎会長にも紹介してくれたのである。

最初、投書の主を調べようとしたが、西日本新聞社では「匿名希望だから名前や住所は教えられない」の一点張りで取りつく島もなかった。仕方なく、県の援護課や、全抑協の線からそれらしい人を絞り出す以外に道はなかった。

全抑協の名簿のなかから博多区に住むそれらしい人を見つけ出したが、アパートを訪ねた時には、老夫婦の姿はなかった。転居ではないが、フッといなくなったのである。家主は「いつものように旅行でしょう」と言っていたが、何か割り切れない気持で帰ったことを覚えている。

全抑協の斉藤六郎会長も精力的な活動家であった。山形県鶴岡市出身で東北弁丸出しの人懐っこい人だった。ソ連にも何度も足を運び、ソ連から勲章をもらったりした人だが、先年、惜しくも亡くなってしまった。

私たちの話に大変興味を持ち「ぜひとも番組作りを成功させましょう」と協力を約束してくれた。

彼の話によるとハバロフスク、タシケント、イルクーツクなどにノモンハン事件の関係者がソ連の市民権を得て生活しているらしいという。天山山脈に近いチルキーズで、ネギのコルホーズを日本人が経営しているとも言った。

あとでわかったことだが、チルキーズ付近のネギのコルホーズは朝鮮半島の人たちの間違いであった。

毛内元太郎さんの話に戻そう。

毛内元太郎さんは名簿によると大正四（一九一五）年三月二十一日生まれとなっていた。年格好からノモンハン従軍者と判断、早速追跡調査を始めた。

手はじめに、北海道厚田郡の厚田村役場に連絡をとってみた。村役場の係の話では元太郎さんの甥の毛内貞雄さんが厚田に居住していることがわかった。電話帳で貞雄さんの電話をたしかめた。ケウチでなくモウナイと読むことも教えられた。

甥の貞雄さんは「叔父のことはよく知りません。昭和五十五年二月頃に一度連絡があったきりです」とあまり深くを知らない様子だった。

ともかく私たちとしては、ささやかながらもこうした手がかりが一つつかめただけでも成功であった。小躍りするような気持で、スタッフは北海道に向かった。

毛内元太郎さんが、昭和五十五年二月に連絡してきた時の発信地が、クラスノヤルスク州のミノシンスクという町だったことから、ソ連大使館に具体的に毛内さんを事例にした取材願を提出、毛内さんの所在確認の調査を願い出たのである。

これと平行して宇野外務大臣にもソ連取材の協力方をお願いした。宇野外相はソ連のシュワルナゼ外相とは昵懇の間柄であったから、側面からの応援をお願いした。

ミノシンスクの日本人墓地

かねてからわが社のドキュメント制作に関心を持っていた、放送番組センターの小平謙さんからアイスト・コーポレーションの日下会長と矢島社長を紹介していただいた。
アイストはもっぱらソ連圏と交流を持っていた商社で、ソ連の新聞や放送関係にもかなりのコネを持っていたことも私たちを力づけてくれた。
アイストという名前が良かったと思った。「アイスト」とは「愛のコウノトリ」という意味だったから、私たちはこれで番組ができたも同然と大いに縁起をかついだものであった。

たしかに、その意味するとおりにことが運び始めたから不思議でならない。

昭和六十二年春のこと、ソ連のラジオテレビ国家委員会（ゴステレ）の議長一行が日本を訪れることになった。

議長といえば大臣クラスであり、この機会を逃す手はない。NHK国際部やフジテレビの協力で一行のスケジュールを手に入れた私は、フジテレビ訪問の時間に割りこませてもらうことで大方の了解をとりつけたのだったが、結局のところソ連ゴステレ側は「時間がない。スケジュールに入っていない」の一点張りで割り込むことはできなかった。

この時のゴステレの交渉窓口は日本課長のイワノビッチ・アンティーピン氏で、一九〇センチ、一〇〇キロを超える巨体の持主であった。

「わざわざ福岡から出かけてくださった熱意は理解するが、われわれのスケジュールにはあなた方とお会いする項目はないのです」

流暢な日本語、しかもこの頃ではほとんど聞かれなくなった山の手言葉だったのには驚かされた。

フジテレビの曽根正弘前モスクワ特派員（現・テレビ静岡専務）も入って三者で話し合い、翌日午前十時から宿舎の全日空ホテルで会おうということになった。

約束の時間は三十分だったが、私たちの番組企画意図の興味を抱いたのか、一時間を遥かに超える会見となった。議長代理で、ゴステレの国際局長ラズートキン氏が顔をみせたが、通訳を引受けてくれたアイストの日下会長とは昵懇の間柄というわけで、和気藹々《わきあいあい》に会議が進められたのも幸運だった。

ラズートキン氏は四十歳を過ぎたばかりの、経済学博士の肩書を持つエリート官僚だった。アンティーピン日本課長は、昭和四年横浜生まれ、太平洋戦争前まで日本に暮らしたロシア人で、道理で日本語が上手なわけである。

ラズートキン氏も私たちの企画意図に共感するところがあったのか、「戦争はもう結構だ。あなたがたの企画は戦争の犠牲を掘り起こすとても大事なことです」と、最大限の協力を約束してくれたのには、涙が出るほど嬉しかった。

福岡から運んだ博多人形をゴステレに贈呈したが、ロシア人たちは「スパシーボ（すばらしい）」を連発し喜んでくれた。二年後の平成元（一九八九）年五月、モスクワを訪れゴステレ（ソ連国家国営ラジオ・テレビ委員会）に招かれた時、議長応接室に件の博多人形が飾られていたのを見て、国際親善の一役をこの博多人形が担っているように思えて思わず嬉しくなった。

アンティーピン氏とは、これを機縁にその後、交際が続いた。退官後、年金生活に入っていたが、持病の心臓病で五年前に他界。美しい日本語が聞けないのは残念である。

ゴステレの調査網はすばらしいの一語につきる。ソ連大使館が首を左右にして、なかなかことが運ばなかった毛内元太郎さんの居所をつきとめることができた。

クラスノヤルスク市はシベリア最大の工業都市であり、軍事施設が立ち並んでいる。ヨーロッパから遠く離れたこの都市の軍事戦略的な意味は大きく、このためつい最近まで未解放地区で、西側カメラが入ることは想像もできないことであった。

徳丸望ディレクター一行スタッフは早速モスクワに飛んだ。一行の通訳をアンティーピン氏が買って出てくれた。アンティーピン氏なら安心である。

スタッフがミノシンスク市役所で調べたところ、ミノシンスクからおよそ三〇キロ離れたゼリヨーボルという村に毛内さんの家があることがわかった。

あとで聞いた話だが、毛内さんの居所がなかなかわからなかったのは、毛内（モーナイ）さんがケウチと読み方を変えていたためだった。「ゲンタロウ」という日本語読みの名前があったので、かろうじて突きとめることができたのであった。

ゼリョーボルという村は鉄道の操車場のある村で、毛内さんは汽車の機関手をしていたそうである。

スタッフが毛内さんの家を訪ねた時、家の入口にネコが一匹眠たそうに陽なたぼっこを楽しんでいたが、誰も住んでいない廃屋であることは一目でわかったという。

クラスノヤルスク市役所に勤務しているというネヴィリツア・ナタリアさんが案内役を引き受けてくれたが、「四カ月前にアンドレは亡くなりました」とアンティーピン氏の質問に答えた。

ナタリアさんが一人で毛内さんの最後を看取ったという。

毛内さんは現地の女性と結婚、男一人女一人の二人の子供を得たが、今では三人とも毛内さんの側を去り消息不明である。「病院に入院中も一度も見舞いに来なかった」とナタリアさんは憤慨する。

毛内さんの墓に参る取材スタッフ

「戦争の話はしませんでしたか」

徳丸ディレクターがたずねた。

「いいえ、そんな戦争の話なんて一度もしませんでしたわ」

「日本人だったことについては……」

「日本から来ていることは話のなかでわかっていました。郷里には母親がいるようでしたが、本人は何も話しませんでしたよ」

毛内さんは近くの村の墓地に葬られていた。寂しく墓標だけが立っていた。

墓碑名は「ケウチ・アンドレ・アンドレヴィッチ・ゲンタロウ」と刻まれていた。

捕虜になり、国に帰れなくなった時に、モウナイをケウチに変えたのである。名前の読み方を変えること

毛内氏の墓に案内してくれたナタリアさん

で祖国を捨て去る決心をしたに違いない。故郷忘《ぼう》じ難し故の決断だったのではないだろうか。

徳丸ディレクターから国際電話が入った。

「毛内さんはすでに亡くなっていました。七十三歳でしたよ」

私は、これで良かったんだと自分に言い聞かせた。おそらくモスクワの地下鉄で吹浦さんと会った中村上等兵のように、涙、涙で言葉にならなかっただろう。徳丸君の報告を聞きながら、毛内さん、安らかに眠ってくださいと祈るのみであった。

井置中佐のこと

戦争は様々な悲劇を生む。しかし、少なくともノモンハン事件を日本が真摯に受け止めていたならば、その後の歴史は違った展開を見せていただろう。だが、現実には多くの悲劇を残しただけであった。なかでも井置栄一中佐（兵庫県出身）の話は切なく哀しい。

当時、第二三師団の作戦参謀をしていた扇広さん（当時陸軍少佐）は、後年、『私評ノモンハン』を出版し、そのなかで、井置中佐のことを「どう詫びたらいいのか死んでも死にきれない」と語っているほどである。

井置中佐は激戦のあと、残りの部下を随えて本隊に合流するため、独断で戦線を移動した。八百人近くいた部隊も、わずか一二九名に激減していた。このままソ連軍と対峙していても、いたずらに砲火の犠牲になるだけだと判断した井置中佐は、本隊に合流することで新戦力が可能だと判断したのである。激しい戦いの最中に無線電話はこわれ、伝令を出すには時間がなかった。それこそ、一二九名の部下の命を救うために移動したのである。

停戦翌日の九月十七日、井置中佐は敵前逃亡の汚名を着せられ、拳銃で自決した。「自決した」というよりも「自決させられた」という表現の方が当っている。寄ってたかって殺されたのである。

井置中佐の自決に続いて、歩兵第七二連隊長の酒井美津雄大佐、歩兵第六四連隊長の山県武光大佐など七人の連隊長が自決し、生き残ったのは歩兵第二六連隊長の須美新一郎大佐一人だけであった。

あまりにも酷い話ではないだろうか。

番組制作の徳丸ディレクターは、井置中佐のことを今少し詳しく調べるため、兵庫県神戸市で高校教師をしている遺児の井置正道さんを訪ねて、真相を聞くことができた。

「父のことですが、官報では戦病死とだけ書いてありました。私が幼かったのではっきりとは憶えていませんが、『井置栄一クツキ《九月》一七ヒ午前九時、満州国楽安北将軍廟南約一二キロニオイテ死亡』の電報を母が不審に思い、小松原師団長宛に手紙を出したのですが、返事はありませんでした」

井置正道さんはこう語った。

井置中佐の妻、いく子さんのところに次のような手紙が来ていた。九月八日の日付けである。

「フイ高地というのが私が守備していたところだ。戦車一五〇台にとりかこまれ、八〇九名の兵隊が一二九人に減少、二十五日まで持ちこたえていたが、ついに部下を連れて夜半味方の陣地に帰って来た。戦場一般の仕様がよく判らないために大いに軍司令官に叱られた。しかし、軍人としては少しも卑怯なことはしていないからご安心を乞う。これはみな運命なり。

今となっては、長く生きて戦場の実際を世間に伝える必要がある。然らざれば失った多くの部下が成仏できないだろう。だんだん寒くなるが身体は丈夫だから安心せよ」

九月といえば日本では残暑厳しい時であるが、シベリアは早くも冬将軍の季節を迎えようとしていた。

井置中佐は一二九人の部下をこれ以上犬死させたくなかった。それに本隊に合流さえすれば、さらなる精鋭になり得ると判断したための撤退であった。それに対し、幕僚会議の席上、小松原師団長は、命令なく撤退した罪によって井置中佐に自決を勧告したのである。

当時作戦参謀だった扇さんはその幕僚会議に出席し、自決勧告の不当性を訴えたが取りあげられなかった。扇さんが当時を振り返って、

「その時に私はね、井置中佐は真にあらん限りの力を尽くして戦った末に退却したんです。しかも師団の主力の構成に参画するために下って来たんです。命がけで帰って来た人を師団長の手で死刑にするのはいかがなものか。なにとぞ憐憫の情を、とお願いしましたが駄目でした」と語ってくれた。扇さんは今でも無念だと言う。

こうした処理について、異常な感じがするのは私だけではないだろう。

「命令がないままの退却」とはいえ、状況連絡が取れないなかでのことであり、退却の判断が正しいのかどうかは問わずに、自決勧告という死の強制である。

井置さんの家族にも異常に映ったからこそ、いく子さんは小松原師団長に再三にわたって手紙を書いたのである。井置正道さんはその時の母の気持を思うと、子供ながら何があったのだろうかと心配でたまらなかったという。

ノモンハン事件が終わった昭和十四（一九三九）年十一月のある夜、突然、小松原師団長が井置家を訪れている。なんの前触れもなく、寝静まった夜更けに訪れたのである。

「私どもはもう夜も遅い時間ですから寝ていたんです。玄関に人の訪ねてみえた気配がするものですから、母が出てみると、そこに軍人が立っておられるのです。軍服姿の小松原中将でした。あわてて寝具を片づけて上がっていただいたんです。

その時、中将は母に「自重に自重してと井置君に言ったんですが、先に死んでしまいました。副官にも自重するように言っておいたのですが……。しかし、井置君は責任感の強い人でした。奥さん、私の気持も理解してください」と深々と頭を下げたという。

ノモンハン事件のことを世間の人に知らせ、戦死した遺族の方たちに謝りたいと、あれほど言っていた人がなぜ、急に死を選ぶだろうか。発作的に自殺するような弱い男でないことは、妻いく子さんが一番知っていたからこそ、井置中佐の死は異常だと疑わなかったのである。小松原中将の訪問は、逆に妻いく子さんの疑念を確信に変えてしまった。

扇さんがなぜ『私評ノモンハン』を書き、井置中佐の自決を取りあげる気持になったのかは、実は『アンネの日記』が機縁だったという。

扇さんは戦後間もない頃、『アンネの日記』を読んだ。アンネ・フランクは勇気をもって私はユダヤ人ですと公言した。オランダの学校で、ユダヤ人と公言することは死を意味することと知りながら、ユダヤ人の誇りを捨てることができなかったアンネ。そのアンネの気持に触発されて、井置中佐のことを書こうと扇さんは決意したのである。扇さんの日本人として、旧日本軍人としてのプライドがペンを走らせた。八十歳を過ぎた今も、もう一度、ノモンハンについて書き残したいことがあると語ったそうである。

捕虜たちの歩いた道

捕虜交換で帰ってきた兵隊たちにも同じような運命が待っていた。

福岡県飯塚市鯰田《なまずた》出身の西田彰さん（故人）もノモンハンに従軍した元通信兵である。西田さんも戦後、『ハルハ河　ノモンハン事件の真相』を著した。

昭和十二（一九三七）年四月、久留米野砲二四連隊に入隊、昭和十三年六月、満州国ハイラルに移動。ノモンハン事件の始まった昭和十四年五月十一日、動員が下って戦場に向かった。

七月七日、フイ高地近くの七三三高地付近の戦闘で負傷し、野戦病院、公安嶺陸軍病院などを転々とした。その入院中に、捕虜交換で還ってきた将校が自決させられるのを目撃する。

ある日、負傷し捕虜となったある将校が、捕虜交換でハルビン陸軍病院に収容されて来た。その将校のところに、友人が見舞いに訪れ、枕元の盆の上に拳銃を置いて帰った。自決を勧めるための訪問であり、実際、その夜更け、将校は病床を抜け出し拳銃で自殺したという。

くどいようであるが、捕虜交換で原隊に戻った兵隊のなかで、自決をしなかった者は、太平洋戦争で苛酷な戦場となった硫黄島やガダルカナル、ビルマ、フイリピン戦線などへ「死地」を求めて追いやられていった。

大分県国東半島は、昔から仏の里として知られてきた。五百羅漢像がそれを物語り、中世日本を支配した宇佐八幡宮は国東半島の首根っこにある。この一角に真宗の寺院、泉慶寺がある。今はもう代替わりしてこのお寺には、戦争当時の縁者はもう誰もいない。

この寺にまつわる話を徳丸ディレクターが聞きこんできた。

現在も国東町に住む上野鉄明さんが語ったのは、次のような不思議な話である。

上野さんが国東町立第四尋常小学校で同級生だった、泉慶寺の若住職徳丸晃正さんは、昭和十三年暮、出征。寺の跡取りのことを「新発意（シンボチ）」というが、袈裟をまとった晃正さんの端正な姿形から土地の人たちは「鶴のシンボチ」と呼んでいた。

母親は長い間、眼病を患っていたため、晃正さんは出征に間に合うように、京都の女性と急いで婚約、その婚約者に母の身の周りの世話を頼んだ。

昭和十四年六月、晃正さんの戦死公報が寺に届けられた。婚約者は母の希望で京都の実家に帰り、別の男性と結婚した。戦後になって間もない頃、彼女から突然寺に電話がかかってきた。

彼女の話は、京都駅のプラットホームに立っていたところ、ギラギラするような目で、誰かに見られているようで仕方がなかった。そのようなことが何日か続いた。ある日、思いきって顔を向けると、ギラギラと光る目はさっと人影に隠れてしまった。その目は確かに晃正さんであった。

同じ頃、上野さんも晃正さんらしい人の姿を見かけたと泉慶寺の母に告げると、お寺でも、誰もいないはずの寺堂内で人の気配がしたと語ったそうである。

上野さんたちは、近所の川にこれまで渡ってきたことのない一羽の鶴が羽を休めているのを見た。それから間もなく鶴のシンボチが帰ってきたという噂がひろまった。

上野さんの他にも、その町に住む山下和明さんからも、噂を聞いて、「私も終戦直前にシンボチに会っている」と寺に届けてきた。

山下さんの話では、昭和十九年も暮頃、日本の敗色が濃厚となった沖縄海域で、輸送船に乗務中、船中のトイレでシンボチにバッタリ出合ったという。山下の国東ナマリを聞いてシンボチさんが語りかけてきた。

「彼は泉慶寺の住職じゃというので、それじゃ私は門徒じゃわ言うてな。陸軍と海軍の立場じゃったから長話もでけんでな。で、まあがんばりょう、ちゅうことで別れました」と。

山下さんは晃正さんの生存を信じて疑わない一人である。

昭和十四年六月にノモンハンで戦死したシンボチが、昭和十九年暮に、沖縄の輸送船に乗っていたこと、そして戦後、京都で見かけたという婚約者の話、まさにミステリアスな話ではないか。

晃正さんの実弟西田智正さん（西田家へ養子）は、噂の真相をたしかめるため大阪に出て堺市の景勝寺の住職をしている。兄、晃正さんの生存を信じ情報収集を続けていたが、現在はどうなっているのだろうか。

婚約者の場合も実に涙ぐましい。

晃正さんの戦死公報のあと再婚、一児をもうけたが、二度目の夫も戦死。何かの話のなかで、ノモンハン事件で捕虜になった兵士たちが中国戦線に送られているということを聞き込み、父のツテで上海に渡った。上海では日本領事館で仕事をしながら懸命にシンボチの消息を捜したが、たしかめることができないままに、戦局がいよいよ厳しくなった昭和十九年暮に、上海を引きあげた。

彼女の脳裏にはシンボチがずっと生き続けていたのである。

弟の智正さんは「兄は今も中国のどこかで生きているような気がしてならない」と語っていた。ほんとに、どこかで元気でいてくれたらと祈る気持で一杯である。生きていれば八十歳を過ぎている。

取材を続けていくうちに、全抑協の斉藤会長から意外な話が飛び込んできた。ソ連からの帰還者がいるというのだ。長野県下伊那郡木沢村に住む成沢二男さんのことである。

斉藤会長は、山形から伊那谷まで取材に向かった徳丸ディレクターたちに加わり、現地案内を引き受けてくれた。

成沢さんはノモンハン事件ではなく、その前年、昭和十三年八月に発生した張鼓峰事件で、ソ連の捕虜となった。この事件でのソ連軍の死者は一七〇〇人、負傷者二二〇〇人、これに対して日本軍は死者五二六人、負傷者九〇〇人であった。

投降者はソ連側が二人、日本軍の行方不明者は十数人であった。この十数人の行方不明者のなかに成沢上等兵がいた。

第七五連隊第七中隊に所属していた成沢さんは昭和十三年八月六日、ソ満国境ザオゼルナヤ五二高地付近の戦闘でソ連軍の手榴弾で顔面や手に重傷を負い、人事不省のままソ連軍に捕まえられたという。

成沢上等兵は唐米袋《とうまいふくろ》のなかに死体と一緒に入れられていたが、トラックがあまりにも揺れるので、そのショックで意識を取り戻した。手榴弾で目はつぶれ、右手の指も吹き飛んでいたため、自決もできないまま捕虜の身となったのである。

ハバロフスクの軍法会議では、軍事スパイ容疑で懲役八年の刑に処せられ、イルクーツク、ブラーツクの各収容所を転々とした。昭和二十三年十二月、さらに八年の刑を言い渡され、エンセークスで服役していた。服役中は国営農場の馬夫として働いていたが、昭和三十年四月十八日、十七年ぶりに奇跡的に生還することができたのである。

成沢さんの場合、ローカル新聞でこそ大きく報道されたが、日本中が大騒ぎし、鳴りもの入りで帰ってきた小野田少尉や横井伍長とはくらべものにならないほどの寂しいものであた。

伊那谷の春は、シベリアでは想像できないほどの暖かさであり、年老いた母が驚喜して出迎えてくれたことで、十七年の苦労は吹き飛んでしまうほどだったと成沢さん言う。

成沢さんの場合、実は昭和十四年十一月、木沢尋常高等小学校で村葬、さらに翌十五年十月、長野善光寺において盛大な県主催の慰霊祭が催されていたのである。伊那谷を見下ろす木沢の一角に成沢さんの墓も立ち、法名も正勇院篤忠成仁居士と名付けられていた。

その墓が昭和二十八年の大水害の折、土砂崩れで墓地が一部流されるなどの被害に遭い、成沢さんの墓も倒れてしまった。

この様子を見て、老母は「二男は生きている」と言ったそうである。

成沢さんが帰国したことで、予想もしなかった面倒なことが起きた。戦死遺族への公務扶助料の返済請求がきたのである。

成沢さんは「ソ連も日本も、国というのは冷たいものだ」と嘆く。

「ソ連では、日本に帰っても捕虜になった者は殺されるから帰るなと言う。しかし、私は言ってやったよ。殺されることなんか少しも恐くない。震えやしないよ。日本に一歩だけでも上陸すれば私は満足なんだ。おれは、ソ連にそう言ってやったんだ。日本に帰って、たしかに殺されはしなかったが、国の仕打ちは冷たかったな」と成沢さんが嘆くのも道理がとおっている。

母親が受け取った公務扶助料を全額返済せよという長野県に対して、成沢さんは十七年の収容生活の苦労を知ってほしいと何度かかけ合ったが結局無駄だった。

不自由な手で村の郵便配達や村役場の仕事を手伝う成沢さんは、その後どうしているのだろうか。

全抑協でも成沢さんの問題をとりあげ、国にその不合理性を訴えた。

当時、外務大臣の宇野宗佑代議士（後、総理。故人）にも公務扶助料返還の話をしたことがあったが、ウーンとうなったきりであった。シベリア抑留を経験した宇野さんにしてみればつらい話だったろう。

番組構成の上で、ノモンハン事件を公平な視点から語れる歴史学者の証言が必要だと思った。いろいろな方からの助言をいただいて、もし可能ならばアメリカ・ニューヨーク在住のジョージ・ケナン博士に話してほしいと思った。博士はその頃八十歳を超える高齢者であったため、取材を受けてくれるかどうか疑問だった。

フジテレビのニューヨーク支局の大戸宏氏（現・フジテレビ常務取締役）にご足労をいただき調査した結果、やはり「高齢のためにインタビューはお断りしたい」という返事だった。

参考までに、ケナン博士には、

①一九三〇年代後半のヒットラー・ドイツに歩み寄りを画策したスターリンの世界戦略について。

②日独伊三国同盟をどのように評価しているか。スターリンにとって、この同盟はどのような影響を与えたか。

③ノモンハン事件で見せたソ連の過剰とも思える攻撃は何を意味するのか。それはドイツに対するデモンストレーションなのか。あるいは日本に対する徹底した懲罰なのか。また、きたるべき独ソ戦を考慮してのスターリンの計算だったのか。

こうしたことについて意見を期待していたのであるが、残念であった。

放送を終えて

番組放送が終わって数日後に、関西テレビの石浜典夫報道局長（現・愛媛放送相談役）から電話が入った。「司馬遼（司馬遼太郎）さんが、『あゝ鶴よ』のビデオが欲しいと言ってるが……」というので早速ビデオを送った。

それから一週間たっただろうか、石浜局長からの伝言で、司馬さんからのメッセージが伝えられた。概略するとこうである。

「自分（司馬さんのこと）も、ノモンハン事件には興味を持っているので、ノモンハンを書こうと思ったことが何度かあったが書けなかった。『あゝ鶴よ』を観て、よくこれだけ調べたものだと感心した。国民栄誉賞といったものは、この制作者たちに与えるべきだと思う」といった内容だった。

徳丸ディレクターとこのメッセージを手にし、快哉を呼んだのはいうまでもない。国民的作家にこうまで誉められて、ドキュメント・ハンターとしては、どう言ったらよいのか表現のしようがないほど嬉しかった。また「春日局」を執筆中の橋田寿賀子さんからも視聴後、お手紙を頂戴した。

「三月二十四日、夜型執筆ですから『春日局』を中断して『あゝ鶴よ』を拝見致しました。昭和十四年というと五月二十二日、『青少年学徒に賜りたる勅語』が発表され、丸暗記させられたことと、ノモンハンで負けたらしいという噂の記憶がよみがえります。執念の作品を有難うございました。が、後半のC・Mの多さが作品を汚しておりました――」

司馬さんや橋田さんのように、超多忙の人たちから視聴後の感想を頂戴した嬉しさは、制作した者でなければわからない。このほかにも全国の視聴者から、激励の手紙や問い合わせを、百通あまり頂戴したのも忘れられないことである。

この作品の最後の部分で、鶴翼飛行の鶴の姿に、ロシア民謡をかぶせたシーンが登場する。この男声合唱の素晴らしさが作品を盛上げてくれた。詩の一部を紹介すると次のようになる。

時おり、わたしは思うのだ、
たたかいのひろのから帰らなかった
兵士たちは、大地におれたのではなく、
白い鶴に姿を変えたのだと。

と始まり、最後は、次のようになる。

ある日、わたしも鶴の群れとともに
あの青白い霧のなかに飛びはじめる、
大地に残したきみたちみんなに
空から鳥のことばで呼びかけながら。

曲もさることながら戦場で散った兵士たちは「白い鶴に姿を変えた」という詩が感動的であった。このロシア民謡の問い合わせが実に多かったことを記憶している。

これは、わが音楽室のスタッフが掘り出したものであった。番組効果という一見下積的な仕事だが、どうしてどうして、ドキュメンタリーには不可欠な要素であり、日本中の音屋さんから注目されている面々なのである。

ディレクターの徳丸望君は久丸修というペンネームを持つ作家だが、「今の若い人たちは歴史を知らない」と嘆いていた。

番組発表の時、ラ・テ欄担当の若い女性記者から、「福岡にあるテレビ局が、なぜ関東軍の番組を作るんですか?」と、質問を受けた徳丸ディレクターは一瞬「?」となったと言っていた。関東軍は東京を中心とした軍隊だと勘違いしての質問だったようである。その彼も、「私とて彼女を笑えなかった」と述懐している。

わたしが「あゝ鶴よ」の企画を徳丸君に持ち出した時、彼はノモンハンがどこにあるのか、ノモンハン事件がどんな戦争だったのかを知らなかったというのである。

遙かなるダモイ

ラーゲリーから来た遺書

シベリア抑留者

角川書店と読売新聞が共同で企画した「昭和の遺書」をもとに、辺見じゅんさんは『男たちの大和』、『ラーゲリーから来た遺書』を書いて注目を集めた。『ラーゲリーから来た遺書』は文藝春秋社と野間文芸賞の両ノンフィクション大賞を射止めた。

辺見さんは、この作品のなかで、ガンに侵され余命いくばくもない山本幡男《はたお》さんの遺書を、長いシベリア収容所での苦労の果てに故人の妻へ手渡す、遺言配達人たちの話を書いている。

私も、シベリア抑留者については少なからず関心を持っていた。その前年、平成元（一九八九）年に、ノモンハン事件の捕虜たちをテーマにしたドキュメント「あゝ鶴よ」を制作したばかりで、その余韻も醒めないでいた。「あゝ鶴よ」のきっかけを作ってくれた出水市のツルの監視員岡田和彦氏もシベリア抑留者の一人であり、番組作りに協力を惜しまなかった総理大臣を務めた宇野宗祐さんもその一人であった。それで、ノモンハンの次はシベリアを……と心にきめていた。

ドキュメント作りはまさにシリ取りゲームであり、ｉｎｇであることはすでに書いた。読み終わるとすぐに矢も楯もたまらず、辺見さんに電話を入れた。

「一気に読みました。山本幡男って素晴らしい男ですね。それに戦友たちが実にいい。全篇涙のなかで読ませていただきました」

私の言葉をさえぎるように、辺見さんは番組化を即座にＯＫしてくれたのである。そして、「『あ、鶴よ』に負けないものを作ってよ」と念を押された。

「あ、鶴よ」は平成元年度の文化庁芸術作品賞を受賞したドキュメント番組で、私が手がけた作品の中でも最も印象の深い番組であった。それに負けないものを作るというのが辺見さんの条件であった。

私が辺見さんの了解をいただいた直後に他局からのアプローチがあったようで、もう少し私の動きが遅かったら「ラーゲリーから来た遺書」は他局のものになっていたかもしれない。ドキュメンタリストたちの感性というのは、大方似たり寄ったりだなと思うと同時に、即座に番組化の許しをいただいた幸運を喜んだ。

シベリア抑留者が住んでいた跡

シベリアを想う時、今一人忘れられない人物がいる。私の郷里山口県が生んだ画家の香月泰男さんである。香月さんの「シベリアシリーズ」はとくに有名である。一九六七年、画集『シベリア』、一九七九年、『画集・香月泰男』があり、「黒い太陽」「北へ西へ」「ダモイ」「別離」などは代表作品である。なかでも、「黒い太陽」は私にとって強烈な印象であった。

昭和二十年八月六日、ソ連軍は怒濤のように満州（現・中国東北部）に侵攻、そして第二次世界大戦はルーズベルトが望んだように、日本の敗戦で終焉を迎えたのである。

香月さんをはじめおよそ六十万人の日本兵たちはシベリアに抑留され、そのうち七万人がついに故郷の土を踏むことなく白樺の下に葬られたのであった。

香月さんは引揚げたのち、「シベリアシリーズ」に打ちこんだ。

彼は凍天にきらめく星座を有刺鉄線に見立てて「凍れる河」を描き、抑留者の凍りついたような心情を見事に映し出した。

シベリアに沈む太陽は地表を転ぶように沈み、大きくて、美しかったと誰もが語っている。しかし、敗れた日、太陽はその赫光さえも失ってしまい、まさに「黒い太陽」であったと香月さんは語っている。彼は矢継ぎ早に五十七点を発表し、戦後画壇の寵児ともてはやされた。

しかし、香月さんの心は一日とて穏やかでなく、シベリアで悶死していった多くの戦友たちの亡霊に心を悩まされたことは彼の遺作集のなかに垣間見える。そしてついに酒に浸る生活を続けるようになり、昭和四十九年、六十二歳で病没。心臓発作のためであった。

私は山本幡男と香月泰男を重ね合わせて、シベリア抑留者たちの苦悩を描こうと思った。山本さんの心象風景を、香月さんのシベリアシリーズに重ねることで表現しようとしたのである。

これまで作ってきた幾つかの作品の構成はすべて証言を中心に進めてきた。ドキュメント作りの意図が「戦後とは何か」の問いかけであったから、自然、証言中心の番組にならざるを得なかったし、証言こそ時代を表す鏡であると信じていた。

山本幡男さん

日露間には未だに平和条約が締結されないまま、五十有余年が過ぎた。小渕恵三前首相（故人）も日露平和条約実現に心を砕いたが、志半ばで倒れてしまった。シベリア抑留の不自然さが、こうした経緯を作り出しているのだろうか。

山本幡男たち七万人の日本人たちは、成仏できているのだろうかと思いながら、番組企画に取りかかったのであった。

理屈をいえば長くなるが、ポツダム宣言はもちろん、国際法上からいってもシベリア抑留は大いに問題を残している。ポツダム宣言第九項では、「兵士は武装解除後、社会に復帰させる」とあり、日本政府も昭和二十年九月二日付の陸海軍一般命令第一号（勅令）として全軍に武装解除を通達、粛々と武装解除に従ったのである。

「捕虜」という概念は、国際法上では、あくまで戦闘中のことと規定、休戦や停戦の状態では拘束を解かねばならないのが普通である。

昭和三十一年までに、シベリア抑留者は全員帰国したが、その間も、その後も、抑留の法的権限について、ソ連当局は一言の説明も釈明もしていない。ただ、「無条件降伏の軍隊は捕虜である」という極東軍最高司令官のワスレフスキー元師の言葉が、唯一といってもいい。まさに非条理の下で、シベリア抑留はただ黙々と続けられた。

昭和二十五年四月二十二日、信濃丸がナホトカを出港して舞鶴港に帰航して以来、引き揚げ作業は終わり、残りの大多数の日本人たちは、形だけの軍事裁判の結果、「戦争犯罪者」の烙印を押されて強制収容所に送りこまれた。しかも、ソ連の国内法の適用を受けての措置で、理不尽というほかはない。

山本幡男さんも、ナホトカであと一歩のところで信濃丸に乗船することのできなかった一人であった。

ルーズベルトはヤルタ会談でスターリンを参戦させるため、いろいろな提案をしている。スターリンがルーズベルトをじらし続けたのはあまりに有名である。彼はその間に、対日戦勝演説の原稿をちゃんと書きあげていた。

「この戦いは、あの日露戦争の雪辱戦であり、我々は千島を取り返した。日本の侵略者たちは中国、アメリカ、イギリスだけに損害を与えたのではない。わが国にも甚大な損害を与えた。したがって我々は日本に対して特別の勘定を有する」と。スターリンの語ったこの「特別の勘定」こそ、六十万におよぶシベリア抑留者たちの強制労働だったのだろうか。

昭和二十年八月末、武装解除された日本軍兵士たちはシベリア各地の強制収容所（ラーゲリ）へと無蓋の貨車で坑木並みに運ばれていったのである。

冬のシベリア

さて、平成元（一九八九）年五月、企画がまとまり、いよいよ制作段階へと移っていくわけだが、わが社ではどうしても制作手当ができないことがわかった。一連のドキュメントを作ってきた徳丸望君がワイドショー番組のプロデューサーから離れられないという。後藤文利君は制作部長として現場作業は無理とあって、社内制作は断念せざるを得なかった。

「『あ、鶴よ』に負けないで」という辺見さんの厳しい声が耳下で去来するのだが、どうしようもない。困り果てた時、これまで数々の作品のナレーターを務めてきた藤村志保さんを思い出した。

「そうだ。志保さんのご主人、静永純一さんがプロダクションをしているから一つ当たってみよう」

早速連絡を入れてみると、喜んで引受けようということになった。「インター・ボイス」という制作会社である。

「東京の局のように制作費は出せませんが、いいですか」と言う私の言葉に、静永純一社長（現ATP理事長）は笑顔でOKしてくれた。「お引受けした以上、うちも最高のスタッフでやりますよ」との心強い言葉に、思わず涙が出そうになった。

監督には岩波映画出身の臼井高瀬さん、構成は仙台在住の作家、菊地昭典さんがきまった。私とプロデュースを組むことになった布川由子さんもインター・ボイスきっての異色ディレクターで、インター・ボイスとしては万全の布陣で取り組むことになったのである。

シベリア取材は、やはり冬にかぎる。

酷寒の下で、筆舌に尽くし難いラーゲリーでの生活を映し出すとなれば冬しかない。

山本幡男さんの妻モジミさんへの交渉は、辺見じゅんさんを通じてすでに準備が進んでいた。

ただ、年老いたモジミさんが酷寒のシベリアに耐えられるかどうか。

「本人のお気持を待つしかないな」
とモジミさんの返事を待っていたところ、
「なんとしても行きたい」

シベリアの地に眠る夫の墓に向かう山下モジミさん

とモジミさんからの強い希望が届いたのである。

翌平成二年二月初旬、布川ディレクターが同行して、モジミさんたち一行はハバロフスクへ向かった。深い雪の下から山本さんの墓石を発見するまで、モジミさんは手で雪をかき分け続けた。

「夫に会いたい」と思う気持が通じて、やっと探し出すことができた。あまりにも感動的なシーンで、臼井監督をはじめスタッフ一同、涙、涙の撮影行だったと布川ディレクターは語っていた。

布川ディレクターについて、今一つ心に残ったことがある。

この作品のテレビ化が決まり、原作者の辺見さんと打ち合わせをした折のことだった。

「尾山さん、野本貞夫さんを口説かなきゃダメよ。野本さんはテレビやラジオは一切ダメとおっしゃるけど、野本さんのインタビューが成功しなきゃ番組はムリよ」と言われた。傍らにいた布川さんに、私は「野本さんのＯＫをもらうまで玄関前に座りこむこと」と注文をつけたのである。

彼女は私の言葉を真正面からとらえて、野本さんが首をタテに振るまで帰らなかった。冬の季節、若い女性が一人で寒いなかをオーバーを羽織って辛棒する姿に、私は手を合わせて感謝したものである。布川さんの熱意に野本夫人がまず動き、夫人の説得もあって、やっと野本さんの快諾を得たのであった。

野本さんは、山本幡男さんがスベルドロフスクのラーゲリーで文化部長をしていた頃の俳句の仲間であり、終生、山本さんの良き理解者であった。

このラーゲリーで、山本さんを文化部長に選んだのは瀬島龍三さんである。瀬島さんは関東軍参謀で終戦を迎え、ソ連抑留後はラーゲリー第二十一分所に送られ、そこで日本人抑留者たちの団長という立場にあった。瀬島さんは引き揚げ後、伊藤忠商事の会長を務め、現在、特別顧問。第二次臨調（土光臨調）や第一次行革審の各委員を、さらに第二次行政改革では会長代理を務めるなど、日本財界を代表する一人である。

抑留者たちの心が殺伐になっていくのを一番心配した瀬島さんは、片腕ともいうべき満鉄出身の佐藤健雄さんに相談した。「文化部を作ろうと思うが、第一に思想堅固な人、第二はロシア語に堪能なこと、それと文化的素養のある人を文化部長にしたいんだがね」

三つの条件を備えた人材として、満鉄調査部時代に佐藤さんの部下だった山本幡男さんが選ばれたというわけであった。

瀬島龍三さん

野本さんは語る。
「文化部長っていうのは一部屋持っていましてね、山本さんは、他の一般作業大隊が全部出ちゃったあと、深閑としたバラックのなかで、一人で壁新聞を作ったり、翻訳をやったりしてました。そしてね、お昼になると正午の鐘が鳴るんです。鐘たってね、鉄道の線路の切れっ端をぶらさげてそれをハンマーで叩くんです。変な音なんですが、それを山本さんが聞いていて、立ちどころに一句読むんです。

空耳にせよ鐘にせよ日の長き

僕はこの句を思い出すたびに山本さんを思い出します。その姿が目に浮かぶんです」
山本さんたちの句会はアムール句会と呼ばれていた。

彼の俳号は北溟子といった。野本さんはさらに言葉を続けた。

「前田夕暮の、『木に花咲き、君わが妻とならむ日の／四月なかなか／遠くもあるかな』。この詩が好きでしてね、山本さんは毎朝この詩を歌えというんです。まだ私、独身でしたから、結婚するなら四月にしようと思いましたよ」

野本さんは帰国後、詩のように四月に結婚したという。

苛酷な強制収容所生活が二年過ぎた昭和二十七年五月十二日、参議院議員の高良とみさんが強制収容所第二十一分所を訪れ、ようやく状況が変わりはじめた。まず、葉書や小包などが許可になった。

皆、小躍りするような気持ちで七年ぶりに故郷へ葉書を送った。久方ぶりに日本との文通が始まり、収容所の空気も一段と明るさを増していった。しかし、家族のもとに届くのは五カ月後であった。

遺書配達人

昭和二十八（一九五三）年の秋も深まった頃、山本さんは喉に変調を訴えた。

最初は扁桃腺炎ぐらいに考えていたのだが、次第に悪化し、入院しなければならなくなった。

この時、山本さんが野本さんに贈った詩が「海鳴りの詩」であった。遺作となったのである。

耳を澄まして聞くと海鳴りの音がする
ろんろんと高鳴る波の響き
また風の音
赤ん坊のときからこの音で目を覚まし
物心ついてからもその声に脅えた。
海鳴りの響きだ
闇を叫ぶ声だ
日本から千キロも離れた
シベリアの広野の真っ只中で
深夜
わたしは遠い遠い海鳴りの音を聴く
窓打つ木枯しよりも淋しくもまたなつかしい　その響き
海鳴りの夜の炉は楽しい
自在鉤の鍋にはいかと大根が　ふつふつと煮え
ガラス瓶の二合の酒は火を透いて赤く
一家眷属より集まってはすすり泣き
また笑い

幼い子供たちには焼きもちを配り
大人たちはゆるゆる酒を喰み　煙草を吸い
ふと話の途切れた時の静けさを　海鳴りは
ろんろんと障子に　響いて来る
母の乳房を思う存分　吸ってみたい
海鳴りの音
恋人の胸を　がっしりと　抱いてみたい
海鳴りの音
友の手を力一杯　握ってみたい
海鳴りの音
胸に溢れるころあいを　ありったけ
吐いてみたい　海鳴りの音
涙のありったけ　泣いてみたい
海鳴りの音
あゝ闇夜の　病床に　一人目を覚まして
私は
ろんろんたる　海鳴りの音を

聴いている
遠い思い出を　噛み締めている

取材スタッフを前にして野本さんは、この長い詩を一気に暗誦したのである。何かものに憑かれたように、顔は紅潮し、声は朗々として響きわたった。山本さんに語りかけるように、優しい眼ざしであった。

ダモイ（帰国）の声がちらほらと聞かれるようになった昭和二十九年春、山本さんの容体が悪化し、その夏、末期的な病状となった。

「遺書を書かせるということは、死亡を宣告するのと一緒だから悩みました。しかし、手遅れになってはいけないし、本人が気力を失ってしまってはなんにもならないだろうしね」

瀬島さんは意を決して佐藤さんに話し、妻モジミさんへの遺書を書かせることにした。

「佐藤君ちょっと来てくれと言われるから、瀬島団長のところに行きましたら、山本君はもう危いからねえ、奥さんはじめ家族に遺書を書かせたいと思うから、嫌な役目だけど引受けてくれないかねと言われて、翌日、見舞いに行き、それとなく伝えました」

佐藤さんは当時の切ない思いを語っている。山本さんもすでに覚悟をきめていたのか、その日の夕方にはノート一杯に遺書を書いた。

昭和二十九年八月二十五日、シベリアの地で山本さんは息を引きとった。四十五歳であった。

「この収容所において親しき交わりを得た良き人々よ……。必ずこの遺書を私の家族に伝えたまえ……」

冒頭この書き出しではじまる山本さんの遺書を、どのようにして妻モジミさんのもとに送り届けるかが最大の問題であった。当時、ソ連当局の文書検閲の厳しさは言語を絶していた。せっかくの遺書を没収されてしまっては元も子もない。所持していた人はさらに苛酷な強制収容所へ送られるのがオチである。

有志が手わけをして遺書を暗記し、遺族に伝えるという方法しかなかった。

野本さんのところにも少量ずつ前後四回に分けて遺書が届けられた。

全部丸暗記である。他人には秘密であり、誰が遺書配達人かもわからないようになっていた。何日も何日もかけて暗記するのも並大抵ではない。しかも、自らを遺書配達人と定めた人たちでさえ、いつの日故郷に戻れるのか、見当すらつかなかったのである。六人の遺書配達人たちの涙ぐましい努力の姿は、辺見じゅんさんの『ラーゲリーから来た遺書』に詳しく書かれている。

山本さんが亡くなって二年後、昭和三十一年十二月、抑留者たちはようやく故郷の土を踏むことができた。

録音は東京赤坂にあるインター・ボイスの制作スタジオで行われた。ナレーターはもちろん女優の藤村志保さん。この人をおいてほかには考えられない。藤村さんも万全の体調でのぞんだ。山本幡男さんの声は草野大吾さん。臼井監督らしい配役であった。このあと、草野さんは急死しているから、おそらく草野さんにとっては最後の作品だったのではないかと思う。惜しい人を亡くしたものである。

シベリア抑留者の墓

この録音の時、未だに忘れられない光景が脳裏に焼き付いている。それはラーゲリー時代お昼になると必ず鳴らされた鐘の音。その鐘は鉄道の線路の切れっ端なのだが、録音の時もラーゲリーと同じように新日鐵から鉄道線路の切れっ端を譲り受けてハンマーで叩いたのである。目を閉じて、吹雪のラーゲリーを思い出しながら、その鐘の音を聞くと、思わず涙が出て止まらなかった。

山本幡男さん役の草野さんの声に山本さんへの思いが交錯して感情がたかぶってしまったのであろう。

山本さんがよんだ、

空耳にせよ鐘にせよ日の長き

の句が切なく思い出された。

何度も何度も繰り返し叩かれる鐘の音は限りなく哀しく心に響いたのであった。

この番組は平成二（一九九〇）年五月二十六日に放送されたが、翌平成三年春、山本モジミさんは思い出の地、北九州市戸畑区を訪れた。

モジミさんにとって懐かしい戸畑であった。昭和七年の夏、親友と一緒に九州旅行をした時、戸畑にいた山本幡男さんと出合ったのである。モジミさんの親友が、幡男さんの若い叔母さんだった関係で知り合ったのである。

そのころモジミさんは島根県隠岐島で小学校の教師をしていた。

六十年ぶりに訪れた町はすっかり変貌していた。林立する煙突から七色の煙が立ち上っていた鉄の都も、今は昔の語り草でしかない。

「幡男さんとここで出合って、はじめて話をし、ちょっとだけ胸をときめかしたのかしら」

遠い昔のことが懐かしく思い出された。戸畑で二人が会って半年後に結婚した。

幡男さんは東京外国語学校のロシア語科に学び、卒業間際に三・一五事件に関わって逮捕され、退学処分となった。

三・一五事件というのは、昭和三年三月十五日に起こった共産党シンパの一斉検挙であった。

昭和十年、ようやく満鉄調査部に入社することができた。

モジミさんたちは終戦後、昭和二十一年九月、姑と四人の幼い子供たちを連れて郷里の隠岐に引き揚げた。昔、教鞭を執っていた小学校に戻り、ひたすら、幡男さんが帰ってくる日を待っていたのである。

モジミさんは平成五年、亡夫幡男さんのあとを追った。この番組に関わった遺書配達人の新森さんや、野本さんもすでに異境の人である。

貴重な証言者たちが、番組放映後、亡くなることが多い。いつもそのことを後悔しながら思うのだが、閉ざしていた重い口を開き、役目を終えた安心からなのか、フッとこの世を去ってゆく。因果な仕事と思いながら、私は証言ドキュメントにこだわり続けているのである。

なお、この作品は平成二年度の文化庁芸術作品賞に選ばれた。さらに、その年の夏にはATP賞郵政大臣賞にも選ばれたのである。

ATP賞とはATP加盟のプロダクションが参加して競う、唯一の権威ある番組コンクールである。かねて顔身知りの澤田隆治ATP理事長（当時）からも、「TNC、評判いいよ」と肩を叩かれた。賞金百万円也のATP大賞は一票差でフジテレビに持っていかれたが、何か清々しい気持がいつまでも消えなかった。

天上への手紙

「戦争」と昭和の作家たち

火野葦平の死

火野葦平さんが亡くなって今年で四十年になる。亡くなったのは、昭和三十五（一九六〇）年一月二十四日、とても寒い日であった。

前日、私は午後三時ごろに若松の火野葦平さんの自宅にうかがっている。旧五市合併についての番組制作の相談だったと思う。

その折、私は不思議なモノを見た。書斎兼事務所の黒板の片隅に、「ＴＮＣドラマ」という文字がチョークで書かれていたのだ。

「ＴＮＣドラマってなんだろう」。私は不思議に思いながら、そのことをたしかめず、何も聞かずに社に引き揚げた。まさか、次の日に亡くなるとは思いもしなかった。そして、その翌日、秘書をしていた詩人の小田雅彦さんから「先生が亡くなった」と電話が入った。あまりのことで驚いてしまった。

すぐに追悼番組を制作した。洞海湾をサンパン（小形の舟）で渡った時のフィルムや写真を使った。当時、本社はバラックの仮舎であり、ケーブルカーで皿倉山に上り送信所から放送していた時代であった。

その後、葦平さんの死因について、自殺説がまことしやかに流布されているが、私は、黒板の「TNCドラマ」のことがどうしても心に引っかかって、今でも自殺説は信じがたいのである。

私と火野葦平さんの出合いは昭和二十七年である。

私が、まだ西日本新聞の記者として小倉（北九州総局）勤務だった頃、北九州文化懇話会や小倉郷土会で火野さんとよく顔を合わせていた。この頃の小倉郷土会は医師の曽田共助先生が中心になって活発な動きを見せていた。その勉強会にまだ無名時代の松本清張さんもよく顔を出していた。

ある宴会の席上で、火野さんから突然、「尾山君、君はスペイン特派員になるといいぞ」と言われた。真意がわからずキョトンとしていると、「なになに、たいした意味はないんだ。足の短い君でも、スペインだったらプライドも傷つくまいよ。そういうことさ」と。

いうなれば私はオチョグラレタのである。酒の肴にされたわけだが、日頃、謹厳実直な作家の劉寒吉さんも口を開けて笑い転げていた。毎日新聞連載小説の取材でスペインへ行った折の、火野さんの実感だったのだろうが、このあとこの記事のことで、ニセ柿右衛門事件で裁判沙汰になった。

それから六年、昭和三十三年四月に私は西日本新聞社から設立されたばかりのテレビ西日本に転じた。報道制作部勤務だから新聞社の社会部と同じような仕事内容であった。

昭和三十四年八月二十九日、開局一周年記念番組「遠賀川」を制作放送した。日本テレビをキー局にした全国放送であった。まだテレビが珍しい時代である。全国放送ということで、火野葦平さんを番組の司会者に起用した。「遠賀川」という番組にふさわしい川筋男の葦平さんである。

葦平さんが亡くなる五カ月前のことである。

当時、本社は木造の仮社屋でまだスタジオがなく、近くの八幡市民会館のステージをスタジオ代わりにして生中継していた。開局一周年記念番組「遠賀川」はフイルムとスタジオの構成で、番組も終わりに近づき、カードで残りの時間を示していた。司会の火野さんが「あと三分」のカードを一分と見間違いして、番組を終わろうとしたのである。

中継車に乗っていた私は、フロアディレクターにあわてて連絡し、なんとか取り繕うことができた。あとで火野さんから、「俺は眼が見えないんだ」という話を聞いて、そうだったのかと納得したことがあった。終わって、東京の作家伊馬春部さんから「よかったよ」と電話が入り、ホッとしたことを覚えている。

火野さんはすでに糖尿病が進行していて、眼も見えにくくなっていたのではないだろうか。しかしその夜の打ち上げの宴では、相変わらず酒を痛飲していたと思う。

火野葦平さんの急死が自殺であったか、あるいは高血圧、糖尿病などによる循環器系の発作であったのか、今になっては知る術もない。

戦争と作家

福岡大学人文学部の名誉教授田所信成さんは、火野葦平さんや岸田國士文学の研究者である。田所教授は、熊本予備士官学校を経て昭和十九（一九四四）年九月半ばに南方総軍に転属したが、特殊勤務要員ということで別行動をとったため、ルソン島沖で船と運命をともにしないですんだ、という幸運の人であった。

ある日、田所教授と私は、盃を交わしながら、火野さんが自殺かどうかの論議をはじめた。論議は「昭和作家の戦争責任」にまで大きく膨らんでいった。一昨年、自殺した文芸評論家の江藤淳さんが著した『昭和の文人』を読んだあとだったので、なおさら論議は沸騰した。

田所教授と私が論じようとしていた「昭和」の構造そのものを、江藤さんは江藤流に明快に、しかも格調高く論じたのである。私自身、この本を読んで目からウロコが落ちる思いがしたことを覚えている。

公の倫理と個の倫理。いささか難しすぎる問題であるが、これこそ、火野文学や岸田文学に代表される戦争文学を解くカギであると思った。

福沢諭吉が著した『文明論之概略緒言』のなかに「一身にして二生を経るが如く一人にして両身あるが如し」といった言葉があるが、「公」と「個」の立場を言い表して、まことに含蓄のある言葉だと思う。

「戦争の時代、果たして君はどのように戦争を捉え、どのように生きてきたのか」。このことを、果たして何人の作家たちが真摯に答えてきただろうか。

私は昭和五十年代以降、「戦争と平和」をテーマに「昭和を検証」する番組制作に取り組んできたが、郷土出身の戦争作家火野葦平と、昭和十五年、日本が大転換する時代に大政翼賛会の初代文化部長として活躍した岸田國士を取り上げるのも、意味のあることと考えたのである。

火野葦平さんの遺著となった『革命前後』を読みながら、火野さんも十四年間、公の倫理、個の倫理について自らに問い続けてきたに違いないと思った。

田所教授は、終戦前、福岡に置かれた西部方面軍報道班で、火野さんと一緒に仕事をしている。そういう因縁で、田所教授が火野さんに興味を抱いたとしても別に不思議はないのである。

火野さんは昭和十三年八月、「麦と兵隊」を雑誌「改造」に発表した。これで火野さんは一躍、国民大衆の間に知られることになった。

火野さんは「糞尿譚」で第六回芥川賞を受賞しているが、この授賞式は徐州作戦の途中、戦地で行われている。当時、火野さんつまり玉井勝則さんは、陸軍歩兵伍長として中国杭州湾の警備の任についていた。伝達者は文芸評論家の小林秀雄さんであった。当時、文壇全体が戦争と共存していた証でもある。
余談になるが、西日本新聞社の相談役で、わが社の最高顧問である福田利光さんが、従軍特派員としてこの表彰式に立ち会っている。

火野葦平

田所教授は、この受賞によって火野さんが戦争作家としてがんじがらめにされていったのではないかとみているのである。かつて、フランス文学研究者として著名だった福岡大学の大塚幸男教授（故人）も、福大発行の「文現論叢」のなかで「火野葦平の受賞は機を見るに敏な、商売上手の菊池寛の差しがねであった。菊池は出征兵士の一人に芥川賞を授けることのジャーナリズム的利益を見てとったのである。

軍報道部玉井勝則伍長として、火野はルポルタージュ『麦と兵隊』を発表し、作家としての出発をしなければならなかった。これは実にタイムリーな出発であったにちがいないが、このような事情での出発が、火野のその後の、終生にわたる十字架となったのである」と書いているが、まことに的を射ている。この大塚教授の観察は説得力がある。

火野さんは結局、踊らされて、十字架から自分を解放することがついにできなかったのではないだろうかと、田所教授は大塚説を支持しているのである。

作られた偶像――まさに、火野さんは菊池寛によって、戦争作家に祭り上げられてしまったというわけであろうか。

私はこの大塚論文を知るまで、玉井伍長として、身をもって戦った作家として火野さんを見ていた。いくら作られた偶像であるにせよ、玉井伍長＝火野葦平としては、一国民として身をもって一所懸命に戦ったことは間違いないと今でも思っている。いずれにしても『麦と兵隊』は「人間らしい心と非人間的な戦争の現実」を書いた名作品であったと思う。

火野さんはそのなかで、ある露営地で捕虜たちを前にして、「あまりにも似て、隣人のような感がある」と当惑しながらも、

「それは無論、十分憎むべき理由があると思いながら、この固まったような厭な気持を私は常に味はってきたのである」と人間火野をさらけ出している。

石川達三が、兵士たちの赤裸々な実態を描き「一切の知性は不要、戦争下では、道徳も法律も、人情も、人間性も、一切が力を失っている」と語っているのとでは、雲泥の相違が感じられないだろうか。『麦と兵隊』の最後の言葉にも火野さんの人間性が表現されている。

（前略）縛られた三人の支那兵はその壕を前にして坐らされた。後に廻った一人の曹長が軍刀を抜いた。掛け声と共に打ち降ろすと、首は鞠のように飛び、血が簓のように噴き出して、次々に三人の支那兵は死んだ。

私は眼を反らした。私は悪魔になってはいなかった。私はそれを知り、深く安堵した。


「私は眼を反らした」後の文章は、当初削除されたが、戦後、復刊の際、あらためて登場した。この文章こそ、火野らしいところであると思っている。

この小説が「改造」に発表された時、火野さんはその序文に「私は戦争の中で、盲目のごとくなんにもわからなくなりました。私が戦争を文学として取り上げることのできるのは、戦争が終わって、歳月が経ったずっと後のことです。この作品は一兵隊のせまい体験を書いた戦場記録にすぎないものであって、小説ではありません」と書いているのをどう考えるかである。

彼自身、戦争作家としての自覚は持っていなかったと考えるのが正しいのではないかと思う。だとしてなぜ、戦争直後、自殺を図ったのだろうか。私は戦争直後の自殺未遂を田所教授から聞いて知った。

「火野がＭＰに尋問された時のことを知っていますか」

田所教授から聞かれた。

「戦争犯罪という言葉を、アメリカ兵から言われて顔色を変えたというのです」

田所教授はアメリカ兵から直接聞いたというが、自殺未遂はその直後だったようである。火野さんは真面目な報道班長だっただけに、苦悩もまた大きかったのであろう。

その時の火野さんの気持がどうだったのか、聞く術もないが、その後の苦悩を見れば、十分に理解できることである。

昭和二十年八月二十六日に記されたといわれる「山峡独語——子等のために」や、十四年の歳月をかけた小説『革命前後』に火野さんの苦悩は描かれている。

『革命前後』は火野さんの自伝的小説であり、「山峡独語」はいわば火野さんの遺言状であった。五千字余の「山峡独語」は祖国の敗北に遭って死を覚悟する人間の激情があふれている。

昭和二〇年八月十五日、呆然たるなかに戦い終わる。ここに一切の営為ことごとく徒労となり、全精魂をかけて没頭せしすべての努力、水泡に帰す。悲憤胸奥にたぎり、唇を噛めば血ふくも、今や狂欄を殷倒にかえすの道、全くとざさる。何事の起こりたるや。耳を疑い、眼を覆いみるも、厳たるは敗北の現実のみ……。

火野さんは傷心を抱いて、妻と三人の子供たちが疎開していた広島県比婆郡峯田村（現・泉市）に向かう。敗戦から六日後の八月二十一日である。当地は母マンの故郷であった。

敗戦直後に切腹を図った傷をかばいながらの旅であった。そしてアメリカ兵が口走った「戦犯」の二文字が心の奥深くわだかまっていたにちがいない。
それだけに、「山峡独語」に認められた火野さんの心情は、日本への痛烈な批判がたぎっていたのではなかろうかと推測している。

軍服姿の火野葦平（中央）

『糞尿譚』で芥川賞に輝く火野文学に対する評価は「兵隊作家」とも「庶民作家」とも呼ばれていたが、敗戦直後、「民主主義文学」が火野文学を文化戦犯第一号などと理不尽に近い扱いをしていることは、火野さんにとって許し難いことであったと思う。

こうした風潮に対する、火野さんにとっての最後の抵抗は「ペンを折る」ことでしかなかった。『悲しき兵隊』を朝日新聞に発表して「ペンを折る」決意をするのである。しかし、それは一刻の決意であって、すぐに『革命前後』に取りかかっている。

昭和三十五年一月二十四日、火野さんは急死した。享年五十二歳であった。『革命前後』は火野さんにとっての「戦後」処理であったが、その出版も待たずに世を去ったのである。

告別式は、雪の舞う若松市高塔山（現・北九州市若松区）で行われた。

火野さんの実弟で作家の玉井政雄さんは、平成三（一九九一）年九月二十一日付の「西日本新聞」に、次のような寄稿文を寄せている。火野さんの実像に迫って面白い。

兄の作品にロマンチック・ニヒリズムをみるのは、わたしの主観かもしれないが、仮面（タテマエ）と素顔（ホンネ）とのバランスが保てなくなったとき、兄のなかの〈詩人〉は美的わがままを通すことによって火野葦平の生涯に終止符をうった。最後まで偽装をおし通したまま。

兄の死は戦争を生きた古風な日本人の結末を象徴するような気がしてならないが、それは同時代の日本人全部が対決しなければならぬ共通の議題でもある。

戦争と〈文学〉を考える場合、最大公約数的な日本人であった火野葦平は避けて通ることのできない議題である。そういった意味で、兄はまだ死んでいないのではないか。

田所教授は、最後まで偽装を押しとおした火野さんの実像を炙《あぶ》り出すべきだという。ディレクターの塩見桂二君と田所教授、そして私の三ツ巴の、まさに哲学論争がはじまった。

「天上への手紙」というタイトルは、いうまでもなく火野葦平と岸田國士へ送る挑戦状といってもいいのではないだろうか。私は田所教授に言った。

「まるで果たし状みたいなものですね」

口からアゴにかけて白い髭をはやした田所教授は、乃木大将を思わす風貌である。田代教授は、「むしろ制作者が、戦争をどのように捉えているか試されているのかもしれませんよ」と、楽しんでいるふうであった。

大政翼賛会と岸田國士

「天上への手紙」というタイトルは、岸田國士の遺作である「宛名のない手紙」に対する返事ということでネーミングしたように思う。田所教授の提案であった。

火野さんと岸田さんを結ぶ直接的な関係を探したが、昭和十五（一九四〇）年十二月十六日、福岡市で開かれた「大政翼賛会九州支部大会」で顔を会わせた以外に見当たらない。この日、岸田さんは文化部長として基調講演を行い、火野さんは支部長として挨拶している。

企画の段階で、田所教授は岸田と火野をどのように対置させるのか、私の考えを求めてきた。

「岸田の理性に対する火野の感性、さらにいえば、公の倫理と個の倫理という観点で、両氏がそれぞれに抱える『戦争と作家』という立場を描こうと思うが」と答えたものの、ディレクターの塩見君に、どのように伝えたらよいものか思案したものである。

たしかに、難解なドキュメントになりそうな予感がしてならなかった。

岸田さんについては、岩波書店が「岸田國士全集」を刊行するという情報も聞いていた。岩波書店が出版するということは、間違いなく岸田さんに対する評価が、あらためて問い直されてきていることを意味する。岸田さんは今一度、世の中に出てくると判断したので、火野と岸田を俎上に乗せることにきめた。タイミングとしても、今を逸するべきではないと思ったのである。

幸いなことに、田所教授は岸田國士文学の研究者の一人で、岸田さんのロマンを追う学究の一人であった。

また、岸田さんの最後の弟子であった作家の古山高麗雄さんからも、岸田さんのことについては、しばしば聞かされていた。岸田さんはいうまでもなく、衿子、今日子姉妹の父である。古山さんもビルマ戦線に従軍した戦争体験者である。自称、万年二等兵と笑う古山さんは、『断作戦』『龍陵会戦』そして『フーヨン戦記』の三部作を発表し、第四十八回菊池寛賞を受賞している。

昭和十五年、岸田さんが大政翼賛会の初代文化部長に推された。

大政翼賛会は今では悪名高い存在だが、近衛文麿公が提唱して作りあげたもので、半官半民の組織として、国家総動員法とともに戦争遂行への一大シフトであった。翼賛会文化部長という立場は戦争協力ポストであり、その意味では岸田さんもまた、戦争協力者の烙印を免れないところである。

しかし田所教授に言わせると、岸田さんは決して自ら望んでその立場を得たわけではなかったという。古山さんも岸田文学の後継者として岸田さんの立場を次のように語っている。

「岸田さんも、その後の高橋健二さんも、あえて火中の栗を拾ったわけです。岸田さんは仲間の山本有三から強く推されて仕方なく引受けたのです。こういう時勢ですから誰も勧んでやろうという人はいませんし、むしろ自由主義者だった岸田さんが選ばれたのは文化人の良識を表したものだといえるでしょう。

大政翼賛会のなかに入って、できれば日本が向かっていた方向にブレーキをかけようという気持があったのではと思っています」

しかし、岸田さんの思惑は見事に裏切られていく。

戦争遂行という一点から見た場合、岸田さんたちの文化運動は毒にはなってもプラスにはならないと思われていたからである。岸田さんの願いも徒労に終わった。岸田さんは一年半余で文化部長を辞した。

昭和十二年一月号、「文芸懇談会」の六号に、岸田さんの考えを単的に表現している格好の記事が載っている。

私は、いま、自分の仕事を考える習慣を失おうとしている。仕事をしていさえすればよいのだ、という自信がもてないのだ。

この不安思慮は、煎じつめると、日本という国はこれでいいのだろうかということである。噛わずに聴いてほしい。芝居なんかどうなってもかまわない。日本が住むに堪えないということは、眼かくしされた人間どもにはわからない。


岸田さんが文化部長になったのは、実はその眼かくしを自らの手で取り払いたいと思ったからだという意見には納得できる。

「岸田さんほど日本の現実を正面から堂々と批判した人間も稀有だった」と、田所教授は岸田さんの立場を擁護している。たしかに行動そのものも、また、そのことを証明している。

岸田は、昭和十二年十月、文藝春秋社の特派員として中国に出かけている。天津から保定、石家荘を経て北京へと戦乱のあとも生々しい前線を視察した。また一年後には、従軍作家として約一カ月にわたって中国を視察した。「戦争作家岸田國士」を知るうえで重要な『従軍五十日』は、その時の記録である。これは、林房雄の『上海戦線』をはじめ石川達三の『生きている兵隊』、『武漢作戦』、火野葦平の『麦と兵隊』など、戦争文学と呼ばれているものとは本質的に違う。私が『従軍五十日』に大変興味を持ったのは、そのことであった。

岸田文学の研究者の一人である渡辺一民氏は、『岸田國士論』（岩波書店）のなかでそのこと、つまり他の戦争文学との違いを次のように書いている。少々長いが紹介する。

たとえば、「北支物語」には、前線の石家荘から天津にもどるとき岸田とおなじ飛行機に乗りあわせた「その軍服が血の臭いのするほど殺気立っていた」将校のことが書かれている。その将校が岸田に「文弱」という言葉を思い出させる。

「文弱」とは、軍隊では「外国語に熱中し、平和主義、人道主義等の流れにおぼれるもの」をいう。

およそ軍隊では「文化」というものは、真の武弁には鼻もちならぬ現象である、と岸田は言っているのだが、真の武弁とは何か、何を語ろうとしたのかわからない。

「従軍五十年」ではさらにユニークな立場を鮮明にしている。

揚子江沿岸を一人旅しながら、中国の小学生たちに日の丸の小旗と五色旗を持たせ「白地に赤く」を歌わせる日本人教師を見て、「民族心理」について日本人の無神経を嘆いているのである。

岸田はこの中で、日中戦争そのものについても徹底的に考えようとしている。

平和のための戦争という言葉は、なるほど耳新しくはないが、それは一方の譲歩に偏って解決されることを前提にしている。ところが今度の事変で、日本が支那に何を要求しているかというと、ただ「抗日」をやめて「親日」たれということである。そんな戦争というものは世界歴史はじまって以来、まったく前例がないのである。言いかえれば、支那は、本来望むところのことを武力的に強いられ、日本も亦、本来、武力をもって強うべからざることを、他に手段がないために、止むなくこれによったという結果になっている。

こういう表現は、多少誤解を招き易いが、平たく砕いて言えばそうなるのである。

支那側に言わせると、日本のいう親善とは、自分の方ばかり都合のいいことを指し、支にとっては、不利乃至屈辱を意味するのだから、そういう親善なら御免こうむりたいし、それよりも、かかる美名のもとに行われる日本の侵略を民族の血をもって防ぎ止めようというわけなのである。

実際これくらい食い違いがなければ戦争など起こらぬ。

『従軍五十日』は、戦時下において書かれたものだから、覚悟の上の文章ではなかったかと思う。「日支間に如何なる難問題があったにせよ、それが戦争にまで発展するということは常識では考えられない」と断言しているのだから凄いことではないか。

昭和十三年、国家総動員令が出され、言論、思想統制は厳しくなった。「自由」「平和」の言葉が消えてしまった時代である。岸田さんの存在も、闇に閉ざされてしまった。「宛名のない手紙」を最後に残して、昭和二十九年三月、六十四歳でこの世を去ったが、「宛名のない手紙」は何を語ろうとしたのか。

「私は、敗戦の結果、はじめて日本人の自己反省を云々したのではない。そして、敗戦という現実の教訓によって、われわれの果たすべき最も緊急な課題は、われわれの久しきに慣れて無自覚となりつつある痛恨の、分身に亘る容赦なき摘出にあることを痛感したのである」とそのなかで書いている。

岸田さんがなにゆえに翼賛会の文化部長についたのか。火中の栗を拾うためだけだったのか。「軍部の横暴に対して防波堤になる」という岸田さんの文化部長就任は、詩人の高村光太郎をはじめ多くの文化人たちに「近頃珍しい公明な、むしろ意外なほど理解のある人事であった」と言わしめるほど歓迎されたらしい。多くの文化人たちがいたが、いかに岸田さんに期待したかを物語るものではないだろうか。推測するに『従軍五十日』を書いた岸田さんがまさか、という思いが文化人たちの底流にあったからだと思うがどうだろう。

岸田國士

その反面、古山さんにいわせると、戦争を嫌がった岸田さんも「戦争をはじめた以上は勝たなければならない」と語っていたというから面白い。

もともと岸田さんは軍人の家庭に育った。陸軍幼年学校から陸軍士官学校に進んだ筋金入りの職業軍人であったはずだが、「軍人が肌に合わない」と途中で軍人を放棄してしまっている型破りの人であった。

番組を作り終わっての感想は、火野葦平文学論、岸田國士文学論という多少、理屈っぽいものになってしまったという反省がある。ディレクターの塩見君も同じような感想を持っていた。戦中を代表する二人の作家を取り上げ「戦争と作家」について語ろうとすれば致し方のないことかも知れないが、もっと違った描き方がなかったかどうか疑問が残っている。

塩見ディレクターと会った時、彼も「もう一度、作りなおしたい」と語っていた。私も同感である。もし、作りなおすとすれば私は、「火野葦平」だけに絞って作ってみたいと思っている。「尾山君、スペインへ行き給え」と、朗らかに笑った葦平さんを想い出しながら、「戦争についてどのように考えるか」、今一度問いかけてみたい気もしている。

この作品を制作する過程で、作家の古山さんや田所教授のように、地獄を見た人たちの話を聞きながら、君にとって「戦争とはなんだったのか」を問われていると思っている。その答えはもし可能なら「火野葦平と戦争」のなかで出そうと思う。

しかしこの番組制作にあたって、岸田國士の『従軍五十日』や『北支事情』、また火野葦平の『麦と兵隊』に人間の優しさを発見したことで、私自身何か救われた気持になったことも事実である。

北九州市若松区高塔山の記念碑には、

泥によごれし背嚢に
　さす一輪の菊の香や

の詩が刻まれている。しかし、この後に続く、

異国の土をゆく兵の
眼に染む空の青さかな

の二行が削られたまま尻切れトンボになっている。

侵略戦争につながるからというわけで削られていると思うが、果たして作者の火野さんは納得しているだろうか。

祖国へ

スイスからの緊急暗号電

海軍中佐藤村義朗と笠信太郎

平成五（一九九三）年春、東京青山のジュピター・コーポレーションから分厚い一冊の記念誌を頂戴した。『追憶藤村義朗先生』である。

昭和から平成になって間もなく、藤村義朗という一人の男を追うことになる。

作家辺見じゅんさんから「藤村」という男について話を聞いたのがはじまりであった。元海軍中佐で、スイス大使館付駐在武官という肩書は、いかにもいわく因縁がありそうな「嗅」がする。辺見さんの話を聞くかぎり、話はふくらみそうな気配がした。

とにかく、藤村元中佐に会おうと思った。会わなければ話が進まないのである。辺見さんも藤村さんの居所は知らないという。東京都内の電話帳で所在を探し出すことにした。同姓同名の人が意外に多いのに驚く。片っ端から「あなたは元海軍中佐の藤村さんですか」とたずねた末に、ようやく青山のジュピターコーポレーションを経営する藤村義朗さんを探し出すことができた。

著名なデザイナーの店が並ぶ、賑やかな青山表参道からちょっと入れば閑静な住宅街。その一角にジュピター・コーポレーションの事務所があった。白亜のしゃれた佇まいであった。

二階の応接室にとおされた私たちの前に、やがて小柄な老紳士が現れた。元海軍中佐というから恰腹のよい偉丈夫を想像していたが、私の勝手な思い込みであった。映画「アナザウェイ」に登場する藤村中佐を、役所広司が演じていたことも、私の想像をふくらませていたのかもしれない。

私とディレクターの坂田卓雄君の前に現れた藤村さんは、四時間、絶えず微笑を浮かべ、両手は膝の上に置いたまま、背筋は針金が入っているかのようにピーンと伸びたままであった。その間、八十四歳という高齢にもかかわらず、矍鑠《かくしゃく》として微動だにしなかったのには驚いてしまった。超人的といえば言い過ぎだろうか。私と坂田君は、この最初の出合いで、完全に藤村元中佐の虜になってしまった。

ドキュメンタリー番組「祖国へ」のスタートであった。

この「祖国へ」については、坂田ディレクターが『スイス発・緊急暗号電』として西日本新聞出版部から刊行しているので、それを参考にしていただくとよいのだが、私はドキュメンタリー・ハンターとして、この作品のプロデューサーとして、制作の思い出を記録しておきたいと思う。

藤村元中佐は明治四十（一九〇七）年二月に大阪府和泉市信太村に生まれた。堺中学を経て、大正十三（一九二四）年四月、海軍兵学校に入学。兵学校は五十五期生である。

昭和二（一九二七）年三月、海兵卒業と同時に連合艦隊勤務へ、そして昭和十五年、海軍大学校を首席で卒業した。その年、藤村少佐はドイツ大使館付武官補佐官を命ぜられベルリンに赴任した。

ベルリンは日独防共協定以後の蜜月時代の最中であった。

国内情勢でいえば、日本陸軍の最強を誇る関東軍が、ノモンハン事件で一敗地にまみれた直後であり、ドイツの対ソ戦略が極めて気になる時期でもあった。

ベルリンに赴いた藤村中佐は、朝日新聞特派員の笠《りゅう》信太郎との運命的な出合いをすることになる。

藤村中佐の役目が「朝日新聞の笠信太郎の周辺を見張ること」であったことを考えると、縁というのはなかなか面白い。

笠記者は福岡市の出身で、東京商大を卒業後、大原社会問題研究所に入社、さらに昭和十一年朝日新聞社に入社した。そのすぐれた国際感覚と経済への造詣の深さは、朝日新聞社のなかでも群を抜いていた。当時の日本経済は、昭和四年の世界的な経済恐慌の余波がおさまらず、なお混沌としていた。

笠信太郎が記者としてスタートした年の二月二十六日は、二・二六事件が起きた日である。軍部のなかに政治不信が高まり、一部若手将校たちが暴走したのであった。その翌年、軍部に押し切られる形で日中戦争が始まった。

当時の首相は近衛文麿公爵で、軍部の台頭を深く懸念し、そのため民間人を起用して昭和研究会を作り、戦争への傾斜にブレーキをかけようと努めていたのである。笠記者もその強力なブレーンの一人であった。

戦後、戦争のない世界を目指し活動した笠信太郎、昭和42年に急死する

昭和十五年、悪名高い国家総動員法が施行され、国をあげての戦争協力が要請されることになった。笠はこの年、そうした時代背景の下で、戦時下の統制経済のあり方について『日本経済の再編成』を発表した。たちまちベストセラーになったが、軍部や右翼から「危険思想」と烙印を押され脅迫が相次いだ。

近衛首相や、「朝日新聞」の主筆を務めていた、郷里の先輩でもある緒方竹虎らが笠の身の危険を心配し、「戦時下の欧州視察」という名目で急遽欧州特派員を命じたのである。

昭和十五年十一月、祖国を追われるようにして単身、鎌倉丸で横浜を出港、ドイツへ向かった。

笠記者の欧州行はいかにも唐突で、朝日新聞の記者仲間からも「どうして笠が来るのか?」といぶかられたフシもあったようだ。

当時、同盟通信社ベルリン支局長の江尻進さんも、同じようなことを証言してくれた。遙か祖国を離れ、家族とも別離を余儀なくされた笠にしてみれば、孤独の真只中に置かれていたのである。監視役の藤村中佐としても、そこに同情が生まれたとしても不思議なことではない。

「ベルリン時代、笠さんは左がかっていて、そのためにドイツにやられたと聞いていた。笠さんは、当時から著名な人でしたから、時々宴会でお会いし、無口な方でしたが、危ない人だという印象は持っておりました」

と、当時のことを思い出して藤村さんは語っていた。

藤村中佐自身も海軍軍人としてはいささか趣を異にしていたと、当時、大阪商船のベルリン駐在員をしていた津山重美さんが『追憶藤村義明先生』のなかで書いている。

「真珠湾攻撃の成功を祝してベルリンのカイザー・アレーの日本人倶楽部で開かれた祝賀会の時でした。その後で、話があるからと彼のアパートに行き、その時はじめてスイス在住の日本海軍顧問のハック博士の手紙を見せてくれました。その手紙の内容は『僕の愛する日本海軍が世界歴史の中で最も愚劣な事をしでかしてくれた。やがて独伊は崩壊し、次に日本も負けるだろう。今からでも遅くない。和平の道を考えるべきだ。そのためには日本はアメリカと裏窓を一つだけ開けておくべきだ』と書いてありました。

ハック博士のことも知っています。しかし手紙を読みおえてしばらく言葉が出なかった。

私は『負けて散るのが日本の武士道かもしれないが、悠久な日本民族の将来を思う時、一億玉砕、焦土決戦などかっこいい強がりを言わないでハック博士のいう通り、負け戦は早く戈をおさめ、戦後の復興を計るのが国家に尽くすゆえんと思うが』と藤村さんに率直に申し上げました。するると彼は一言『よしわかった』とはっきり言ってくれました」

その時の藤村中佐は、深刻な苦渋に満ちた顔付きだったという。

十分ぐらい無言が続いただろうか、やがて穏やかな口調で藤村は言った。

「僕はいま重大な決意をした。ハックの忠告に従おうと思う。君と一心同体となって、この秘密工作に邁進しよう。他言は一切無用。命は僕にあずけてくれ」

藤村と津山は立ち上がって強く固くお互いの手を握り合った。

津山さんは東大法科卒のエリートだったが、

「当時、およそ軍人は、われわれとかけ離れた思想と生活様式を持っていたものだが、この人のように進歩的で、かつ弾力性のある思考力を持った軍人がいるのかと驚き、この人の知己を得ることにこよなく幸せを感じたものだった」

と、藤村中佐のことを激賞している。

藤村、笠の二人は日ならずして固い絆で結ばれていくのである。

ドクター・ハックの名前が出たついでに、彼のことについても触れておかねばならない。

フリードリッヒ・ハックはドイツのフライブルグで生まれた。出生の年月日ははっきりしないが、ハイデルベルク大学の政治学科を卒業したのち明治四十三年、後藤新平総裁の南満州鉄道（以下満鉄）に入社した。入社したといっても、満鉄顧問を委嘱されたドイツ・クルップ社の重役ゲトイムラート・ウィーネフェルドの秘書としてであった。しかし、その後、ウィーネフェルドが駐米大使に転出したため、その後任として顧問事務所を引継いだのである。

大正三年八月、第一次世界対戦が勃発。ドクター・ハックはドイツの義勇兵として従軍中、青島において日本軍の捕虜となり、福岡の捕虜収容所に送られたが、彼は軍人でなかったことや満鉄顧問という肩書があったため釈放され、自由人として日本での居住を許されたのである。しかしその後、福岡に抑留されていたドイツ人捕虜が博多どんたくの最中に脱走事件を起こし、ハックはその逃亡を援助したという罪で逮捕され、危うく銃殺刑になるところを、またもや満鉄顧問ということで処刑を免れ、大戦が終わるとドイツに送還されてしまった。もちろん満鉄顧問も棒に振ってしまった。

しかしハック博士は、ベルリンで日本の名誉領事をしていたマヨール・シンジンゲルと組み、シンジンゲル・アンド・ハック・カンパニーを設立し、ドイツ実業界と日本との仲介業務を始めた。主として日本海軍のベルリン事務所が大きな取引先となった。ハック博士と日本海軍の深いつながりはこのようにしてできていった。

ついでながらその当時、日本に仲介された主なものを拾ってみると、ロールバッハの飛行艇、ハインケルの飛行機、デュレネル・メタル・ウエルチのジュラルミンなどであった。
ハック博士の仕事は昭和十年頃には一応、一段落するが、ハックと日本海軍の縁が切れたわけではなかった。

ドイツでの笠信太郎

昭和六年、満州事変が起こると、期せずしてドイツ国内の世論は日本の満州侵略を非難し、ベルリン市内の日系事務所などが投石されるという不穏な状態が続いた。心配したハック博士はドイツ国内の対日感情を考慮して日独協会を設立し、自ら理事に就いた。

そうこうするうちに、昭和十一年十一月二十五日、日独防共協定が調印され、新しい日独時代を迎えた。

大島浩駐在武官とリッペンドロップが、この日独防共協定の草案をつくりあげたことは広く知られているが、その功績を買われて、大島は駐独大使に、リッペンドロップも駐英大使を経て外相にと、とんとん拍子でヒットラー政権の中枢にのぼっていったのである。

その頃、両国の間で防共協定締結記念に映画制作の話が持ち上がり、ハック博士がプロデューサーとなって「新しき土」を制作したのである。この映画は永遠の処女と謳われた女優、原節子が神秘的な少女のイメージで銀幕にデビューした作品でもあった。「新しき土」はヨーロッパでは「武士の娘」というタイトルで上映され、好評を博したそうである。

ハック博士らしいところは、ドイツ人監督が日本人俳優を使って映画を作るという目新しさであり、ドイツ国内に日本ブームを起こそうと考えていたヒットラーの考えとうまく重なったことが、ハック博士にとって幸運でもあったのである。

現実はよりドラマチックというが、ハック博士も思わぬことでつまずくことになった。まさに好事魔多しである。

ハック博士は昭和十年、ニュールンベルグで開かれたナチス党大会に日独協会設立の功労者として特別に招かれたが、その二年後の昭和十二年七月、日中戦争の直前、ゲシュタポに逮捕されてしまった。それも統合参謀本部の特令を受けてパリに出発しようとした矢先のことであった。

突然のハック博士の逮捕騒ぎに、大島大使はリッペンドロップ外相を通じて上層部に働きかけたが、なかなか埒があかない。日本海軍もハック救出に全力をあげていた。

当時、ドイツは対ソ軍備強化が急務で、そのための日独防共協定であり、外貨獲得が国家経済の上から最重要課題であった。

日本側は海軍航空本部発注のハインケルHE－一〇型戦闘機二十四機は、ハックの協力なくしては注文不可能という最終案をドイツ側につきつけたのである。これにはゲシュタポも折れざるを得ず、ハック博士は釈放されることになった。

釈放といってもあくまで期限つきで、ハインケル戦闘機の購買計画が完了するまでというのが条件であったから、いつまでもベルリンに留まることは許されなかった。

ハック博士が事務所としていたドルダーホテル

ハック博士への代理店手数料はスイス銀行に振りこまれたのはもちろんだが、彼の晩年の生活が実はこの手数料によって保証されていたのである。
彼はオーストリア、スイスを経てしばらく日本に滞在していたが、昭和十二年の暮、パリに居を移した。しかし、ドイツがフランスと開戦する直前、パリからスイスのチューリッヒに移り、有名なドルダーホテルを本拠に日本海軍と密に連絡をとっていた。
坂田卓雄君が書いた『スイス発・緊急暗号電』でも、ハック博士について戦後ドイツでは有力紙の「フランクフルター・アルゲマイネ」が、「謎の男ドクターハック」と題して特集記事を載せていると紹介しているが、たしかにミステリアスな男として私たちも見ていた。
私としては、ハック博士がヒットラーのユダヤ政策に猛反対していたことや、ゲシュタポに捕えられた点などを考え合わせて、ユダヤ系ドイツ人だったのではないかと思っている。

ドルダーホテル時代のハック博士は、面目躍如たるものがあったのではないだろうか。スイス銀行から融資を受けたのちのシンジンゲル・アンド・ハック社が窓口になり、ハック博士が日本海軍事務所の代理人となって、三年間で三十万フランのクレジットを引受けることに成功したといわれる。

当時、中立国の各メーカーや商社は、連合国側からかなり強い締め付けがあっていたため、並大抵の苦労ではなかったはずである。当時アメリカの世界戦略はどういうものであったのか。これについてハック博士の極めて面白い分析がある。

「アメリカは正面作戦としては、ヨーロッパにおいてナチスを相手に、中立国であるにもかかわらずイギリスに五十隻もの駆逐艦を貸与したり、アメリカ艦隊に命じてドイツ潜水艦を攻撃させたり、しきりとナチスドイツを挑発しようとしている。

ルーズベルトは国内世論を総動員してでもイギリスを全面的に援助しなければ、イギリスはドイツに占領されてしまう。

アメリカの力だけではナチスドイツを屈服させることは難しい。

独米開戦というドイツ挑発がうまくいかなければ日本を刺戟して日米開戦に持ちこみ、世界戦争へ発展させなければならない。

これがルーズベルトの考えで、日本がこの謀略にのってはならない」

ハック博士は、くれぐれも謀略にのってはいけないと警告しているのだが、歴史は皮肉である。日本はまんまとアメリカの謀略にのって真珠湾攻撃をしてしまったのである。

ハック博士の警告を無視してというわけではなかったにしても、藤村中佐への手紙にもあるように、真珠湾攻撃を愚策の骨頂とまで言い放ったのである。いかにハック博士の時代を読む目がしっかりしていたか、その烱眼《けいがん》ぶりには脱帽である。

ハック博士との和平工作

ドイツの敗戦が次第に濃厚になっていくにつれて、ベルリンにいた海軍要員は次々とスイスやスウェーデンの中立国に疎開していった。

昭和十九（一九四四）年七月、ヒットラーの暗殺未遂事件が起きて、統合参謀本部のカナリス中将はじめ多くの有能な軍人や官吏、民間人が投獄された。

この事件後、ドイツの劣勢が日ごとに急進していったことは、歴史の物語るところである。一方、日本でもこの年の二月、東条英機首相は陸相と参謀総長も兼任して磐石の体制を布いたが、三月を過ぎた頃から東条内閣打倒の動きが出はじめていた。さらに六月、マリアナ沖海戦で惨敗、引き続き七月にはインパール作戦で失敗するなど、敗戦続きで、その責を負い東条内閣は瓦解した。

小磯国昭内閣が誕生すると同時に、和平工作も一段と活発化していった。

海軍大臣には米内光政大将、情報局総裁として緒方竹虎が朝日新聞社を辞して入閣したことが、笠信太郎たち和平工作にたずさわっていた人たちを大いに勇気づけたのである。

藤村中佐もハック博士や、ベルリンに頑張っている大阪商船ベルリン支店駐在の津山重美さんたちの協力で、日米和平に向かって工作を続けていた。

坂田君が津山さんを訪ねた折に、当時のベルリンの模様を次のように語っている。

「ソ連の戦車隊がオーベル川に達したというモスクワ放送を聞いて、もうこれでドイツも終わりだと言ったら、陸軍武官にひどく怒られました。これは兵法でいう逆八ノ字戦法といって、シレジア地方の山脈にはさまれた平地で両側からドイツ戦車隊が挟撃して、殲滅《せんめつ》することになっているというのです」

事実はそうはならなかった。津山さんの分析どおりの結果になったことは歴史が物語っている。

ベルリン駐在の海軍首脳部から海軍省や大本営宛ての電報が、幾度となく握りつぶされるという事件が多発していた。主戦派の大島大使と藤村中佐ら陸海軍武官たちとの間でも、激しい論争がくりひろげられていたことは『追憶藤村義明先生』に載せられている。

昭和二十年三月、ベルリン陥落の直前、藤村中佐と津山さんはベルリン脱出に成功した。

映画「アナザウェイ」に、スイス国境を突破するスリリングなシーンが見事に描かれているが、現実は映画よりさらにスリリングであったと想像できる。

スイスにおける藤村さんたちの動きは急テンポで活発になっていった。

藤村さんが打電した無線は九一式海軍暗号機であり、日本潜水艦で密かに運ばれてきたもので、さすがのアメリカ課報部もこの暗号文の解読はできなかったようだ。

ハック博士

当時、すでにスイスへベルリンから脱出していた笠信太郎記者と藤村中佐が、和平工作で手を結ぶことになった。「僕は、この仕事を銃殺覚悟でやっている。いい加減な考えではない」と藤村中佐が言えば、笠記者も「僕も同じ気持だ、同じ覚悟でやる」と応じている。

藤村、笠、ハックのトライアングルは極めて強固な信頼関係で結ばれた。

間もなくアメリカのヨーロッパにおける課報機関ＯＳＳと接触することになった。ハックが裏で動いていた。

ＯＳＳのキャップはアレン・ダレスといい、戦後アメリカのＣＩＡ長官となった男である。アメリカの国務長官を務めたジョン・フォスター・ダレスの実弟である。

ハック博士が藤村中佐たちと再会し、最初に言った言葉は彼らに大きなインパクトを与えた。

「焦土作戦なんてとんでもない。ヨーロッパの国をみなさい。勝ったり敗けたりだ。戦争というものは、もう負けると思ったら一日も早く和平を結んで、そして復興を考えるべきだ。君たちは建国以来二千年、かつて外国に負けたことがないなんて言って、焦土作戦と言っているけれど、日本民族が再び立ち直ることを考えないでなんの戦争なんだ。負けたと思ったら早く手をあげろ。復興だ、復興を考えろ」

藤村、津山そして笠も、これには返す言葉がなかった。

ワシントンの国立公文書館にはOSSの当時の記録約五万点が保存されているが、藤村中佐や、笠記者との接触の記録も残っている。アレン・ダレスは、「藤村義朗武官と会った。彼はまじめな印象を与えた」とし、笠記者についても「笠は影響力の大きな人物である。ドイツで捕らわれた近衛秀麿の証言によると笠は近衛公の友人で、リベラルな傾向のため日本の狂信的愛国主義者から身を守ろうと、近衛公は彼をスイスに送った」と極めて正確に書いているのは驚きである。

OSSとの接触は、ドイツやロシアのスパイたちに襲われないよう、スパイ映画もどきの工作がほどこされたという。

昭和二十年五月二日、OSSのアレンダレスとの会談が実現した。笠と藤村、極度の緊張で表情が固い。ダレスは温厚な表情で、向かい会う形で座った。ダレスの柔かい眼ざしを受けて、二人の緊張はフッと消えて、平常心に戻った。

「何を言うか考えました。最初の言葉をね。日本が本土決戦をやると日本は大損害を受けることはわかっています。しかしアメリカのほうだって絶対に無キズというわけにはいきませんよ。そこでこういう無駄な殺し合いはやめたい。ここで手を打ったらどうか。その提案のためにやって来ました」

藤村中佐は、アレン・ダレスの目を見つめたまま、それだけのことを一気に述べたのである。この時、二人の目にはダレスが和平を非常に急いでいる様子が見えたという。

ダレスはたしかに和平を急いでいた。その年の二月、ヤルタ会談の秘密協定が結ばれていたが、勝利を急ぐアメリカのルーズベルト大統領が、スターリンにソ連の参戦を求めたのである。その見返り条件として、千島、樺太、満州の処理について権限を与えるということであった。ソ連が満州まで管理するということは、近い将来日本まで赤化される危険があると、アレン・ダレスが考えたのは当然であろう。

すでにルーズベルトが急死して、副大統領のトルーマンが大統領になっていたが、トルーマンもダレスと同じ考え方に立っていた。

このことは、当時のアメリカ国務省のジェイムズ・F・バーンズ国務長官が彼の『バーンズ回顧録』のなかでアメリカ首脳の考え方を次のように述べているのでもわかる。

「私自身についていえば、ソ連の東ドイツでの行為やポーランド、その他でのヤルタ協定違反の行為を知っているので、ロシア人が参戦しないことを望んでいた。しかし、日本が無条件降伏を依然として拒否し続けているので、原子爆弾やソ連参戦で日本が受け入れることになるだろうと思った。

ヤルタ会議以後、軍事状況は全く違うものになってしまった。ルーズベルトをはじめ、ヤルタ以後に遭遇したようないろいろな困難を予想し得た人はいなかった」

バーンズのこの言葉は、長官自身、ソ連の参戦に極めて消極的であったことを認めている。バーンズの指揮下で動いていたダレス機関が対日和平を急いでいたことは、『バーンズ回顧録』で十分証明されるのである。

ダレスは朝鮮戦争が終わったのち、「あの時、笠や藤村の提案を、東京がすんなり受け入れてくれていたら、今日アメリカは、朝鮮半島でこんな苦しみをなめなくてもすんだ」と述懐している。

かつてのOSSで元ヨーロッパ秘密工作員だった歴史学者のマーティン・クイグリーも、私たちの取材にこのように語っている。

「昭和十九年十二月、OSSのドノバン長官から対日和平工作の特別任務を命じられました。その時期は私に一任されていたのですが、翌年の五月、ドイツが無条件降伏した時そのチャンスだと思いました。

もしも、この工作が成功していたら、米ソ冷戦を軸とした戦後の世界の歴史は大きく変わっていたでしょう」

冷戦崩壊後の今日、ダレスたちが描いたアメリカの世界戦略がやっと実を結んだのだろうか。それとも、もっと違った世界を夢見ていたのだろうか、今は知る由もない。

いずれにしても笠記者や藤村中佐たちの和平工作が、アメリカ側に大きく評価されていたことは間違いない。

加瀬俊一元国連大使

藤村中佐は米内海相宛てに五十通以上の緊急電を打ち続けたが、梨のツブテであった。

日本では陸軍を中心に、ソ連を窓口に終戦工作をしようという動きが主流であった。それに水をさすような動きは迷惑以外の何ものでもなかったのである。

当時、重光葵外相の秘書官だった加瀬俊一元国連大使は、今も鎌倉に健在で、今年九十六歳になる。

「軍は、特に陸軍は、敵国なんかとの話はダメだといって聞かない。メンツがあるわけです。中立国ならいいとね。スウェーデンやスイスは世界大戦争になってくると力不足です。残る中立国は、ソ連だけです。

ソ連の本心はね、露骨に敵意をみせていたけれど、しかし中立国だからね、仲介役としてはソ連はいいけど、アメリカは許せないというわけです」と語っている。

五月二十一日、本省から藤村中佐に宛てられた返電は正気の沙汰とは思えないものであった。「ダレスとは何者か。かつて中国にいた学者か。和平工作は陸海軍を離反さすための敵の謀略と思われる。十分注意せられたし」

加瀬大使の証言によると、進歩開明派といわれた米内海相でさえ「これは連合国側の謀略だ」と語っていたそうである。藤村中佐たちにしてみれば、米内海相までがそのように発言しているとすれば、何をか言わんやであろう。

笠記者が七月九日、緒方竹虎情報局総裁宛てに打電した六四〇〇字に及ぶ長い電文は、外務省の外交資料館に眠ったままである。この電文は「配布せず」と書き添えてあるから、緒方総裁の手許には届いていないのであろう。

ハック博士は戦後、祖国に帰らずチューリッヒで過ごした。藤村さんが手配した京都の家には住むことなく、昭和二十四（一九四九）年三月、六十一歳で波乱に満ちた生涯を終えた。生まれ故郷ドイツ、フライブルクに墓があり、静かに永遠の眠りについている。

そして、ハックに日本在住を勧めた藤村元中佐も、私たちの番組「祖国へ——スイスからの緊急暗号電」が放映されたあと、永眠された。

「死の床で一所懸命テレビ番組をご覧になっていましたよ」という秘書の言葉がこの上なく嬉しく聞こえた。

忘れがたき人

「祖国へ」を制作、放送してから今年ですでに八年がたった。もう一度、当時の資料に目を通していて、「可児和雄」という一人の老ジャーナリストのことを思い出した。平成三（一九九一）年三月、モスクワの帰途ドイツ・ケルンを訪れた時である。

笠信太郎氏の消息を知っている日本人ジャーナリストであった可児和雄さんは、当時、すでに八十七歳の高齢で、しかも足が不自由であった。当時、西ドイツのゲルン市、モーツァルト通り二十八番地の六階建のアパートに住んでいた。ベルリンの壁が崩壊する一年前のことである。

可児さんは昭和十一（一九三六）年に渡独して以来、一度も祖国日本の土は踏んでいない。昭和十六年、彼はベルリン市の日本人会会長になり、笠さんや藤村中佐など多くの日本人たちと懇意になった。

彼はジャーナリストらしく几帳面に大学ノートに日記をつけていたが、昭和十八年十月の日記には「笠信太郎ベルンへ出発する」とだけ書きとめている。笠記者がなんのためにベルリンを離れるのか、その辺の機微については何も触れていないのである。

当時の笠記者たちの行動の証言をとるということで可児さんに接触したのだが、彼の話を聞くに及んで、話はますます大きく膨らんでいくような興奮を覚えた。

可児さんの話だけではなく、ベルリン日本人会長時代のことをよく知る舞踊研究家の邦《くに》正美さんを取材し、証言などもいただくことができた。

昭和二十年五月、ドイツが降伏、アメリカ、ソ連、ポーランド各国軍隊がベルリン市内へ駐留。この結果、日本人会の人々も分割され、お互いの音信が絶えてしまったという。可児さんはポーランド側、邦さんはソ連側、音楽家の近衛秀麿さんはアメリカ側とそれぞれ別れた。

収容所に入れられた可児さんは当初、枢軸国側の人間ということでかなりひどい対応をされたが、医者ということが知れてからは優遇された。

そこで、たまたま助手になったのがドイツ人のエバさんであった。可児さんとは十五歳も違う十八歳。やがて二人は愛し合う仲となり、解放後、西ドイツのケルン市で同棲生活に入った。

可児さんは「エバほど日本人になろうと努力した女性はいない」と語っているが、エバさんは可児さんと結婚するため、キリスト教を捨てている。可児さんもまた、エバの好意に応えるために、祖国日本を捨て去った。私たちをケルンに案内してくれたFNNボン特派員の続記者も、「可児さんはドイツ国籍だと思いますよ」とそのことを証言していた。

可児さんは昭和十一年、ベルリンオリンピックの年にドイツに渡った。東大法学部を卒業後、一時、電力会社に勤めたがすぐ辞めて、名古屋医専を出たあとライプチヒ医科大に留学したのであった。可児さんの父もやはりベルリン大医学部で勉学したのだと聞いた。

可児さんは名古屋時代、シマさんと結婚し一児をもうけているが、妻子を日本に残して留学したのである。

片や敵性外国人の強制収容、片や日本では度重なる空襲や敗戦後の混乱で、お互い交信が途絶えてしまい、日本に残されたシマさん母子も可児さんが亡くなったものと思いこんでいたようである。

一粒種の龍雄氏は昭和五十五年、梶龍雄のペンネームで『透明なる季節』を世に送り、江戸川乱歩賞をとって、文壇に華々しく登場した。その表彰式のパーティの席上、父可児さんを知る先輩作家にめぐり会い、父がケルンに健在であることを知ったのである。

母のシマさんの驚きも大変なもので、早速ケルンの可児さんのもとに慕情溢れた便りを送った。可児さんも音信不通で亡くなったと思っていた妻からの手紙に、エバさんとの間に立って苦悩の日々が続いたが、思いあまったあげく、シマさんへ離別の手紙をめんめんとしたためたのである。しかし、シマさんからは離別を拒否され、手紙には帰る日まで待つと書かれていた。

昭和六十年、エバさんは五十八歳でこの世を去った。当時、ベルリンの壁にさえぎられて父母の待つライプチヒには帰ることもできず、キリスト教を捨てたためケルンの無縁墓地に眠っている。妻のシマさんも平成元年、帰らぬ人となったが、一人息子の龍雄さんも平成三年六月、母を追うように他界した。

私がケルンに可児さんを訪ねた時、龍雄さんが亡くなったという知らせが届いてまだ日がたっていなかった。

「世のなか皮肉なものです。逆縁というものでしょうか」と憔悴した表情を隠そうともしなかった。二人の妻が相ついでこの世を去り、一人息子まで失った可児さんの悲しみが、手にとるように感じられた。可児さんにとって日本とドイツはともに捨て去り難い土地であろう。

藤村中佐や笠記者の、そして日本をこよなく愛したドクター・ハックとのことを可児さんの「ベルリン日記」を通して描くことができないかと思案したものである。

そのため、最初は「二つの祖国」というテーマで企画したが、可児さんの了解を得られぬために、「祖国へ」ということになったのである。

とまれ、平成三年六月半ば頃だったが、ケルンの可児さんのアパートを去る時、彼が言った言葉が今も鮮烈に残っている。

「ベルリンの壁がとれたら、ぜひライプチヒへ行こうと思う。車イスでもいいから、エバを母のもとへ返してやりたい」と。

アパートを去る時、六階の窓に身を乗り出すように手を振っていた可児さん。しばらくして振りかえるとまだ彼は手を振っていた。私たちも、彼が小さく消えてしまうまで手を振った。

その後、可児さんはどうしているだろうか。今一度お会いしたいと思っているのだが。

悲劇の宰相　広田弘毅の生涯

A級戦犯

昭和六十二（一九八七）年夏、テレビ西日本の開局三十周年記念ということで、フジテレビのご好意をいただいてテレビドラマに参画させてもらった。「日本の長い夏」である。

以前、松本清張原作の「西海道談畸」の制作に参画させていただいた経緯があったが、「日本の長い夏」のように企画から参画させていただいたのははじめてであった。

昨冬、惜しまれて亡くなったフジテレビ専務取締役の中出伝二郎さんをはじめ、当時編成部長だった村上光一専務取締役や重村一スカイパーフェクTV副社長の協力を得たことが一番であった。

「日本の長い夏」は、元外務大臣重光葵をめぐる終戦秘話を描いた作品である。その折、元国連大使の加瀬俊一老から、「あなたの局は福岡でしょうが、だったら広田さん、ほら弘毅さんですよ。福岡が生んだ総理大臣ですよ。あの人のことを忘れちゃいけませんよ」と言われて、ハッとしたことを今でも憶えている。

なぜ、ハッとしたのか。それはA級戦犯として処刑された方を扱ってよいものかどうか、一瞬ためらったからでもあった。

大濠公園に近い一角に、広田弘毅の石像が立っているのは知っていたが、ほとんどの人たちは、果たして敬意を払いながらその前を通っているのか甚だ疑問である。

加瀬老は今年九十六歳。今でもなお矍鑠《かくしゃく》として著作に余念がない。私などペンをとるたびに億劫になると加瀬老を思い出し、自分に鞭を当てている。

昭和十年代からの日本を知悉《ちしつ》している唯一の証言者は加瀬老をおいて外にない。

「尾山さん、広田をお作りなさい」

加瀬老の言葉が妙にいつまでも私の心に残って、トゲが刺さっているように思い続けていたのである。

重光葵と広田弘毅はともに戦前、外相として難局に当たった点で共通項を持っていた。広田がA級戦犯として文官ではただ一人、死刑となり、重光もまた、同じ二十八人のA級戦犯として巣鴨拘置所に収容されたが、のち釈放されている。

重光は出所後、『巣鴨日記』を書いて、そのなかで広田のことに次のように触れている。

広田氏は元来、禅の意義ともいうべきものを身につけた人で、喜怒哀楽を表に表さず、万事、作為を用いず、成るが儘に委ねるという風の態度の人であった。

巣鴨生活の間でも、常に変わらず平易と懇切の態度で周囲の人に接していた。

私は重光のこの言葉で、広田弘毅の全容がなぜかわかるような気がした。広田個人に誤解を持っていた自分が、急に小さく思えたのも事実である。加瀬老が、優しく私の頑迷を諭してくれたものだと思っている。

広田弘毅については、作家の城山三郎さんが『落日燃ゆ』を書き、郷土福岡の作家、北川晃二さんが『黙してゆかむ』を著した。

北川さんは新聞記者の先輩で、「夕刊フクニチ」の編集局長をした俊秀であったが、私たち後輩には常に優しい人であった。

「今度、広田ば作ろうと思うちょります」と言うと、あの童顔がさらにほころんで、「なんでん言うてつかあさい。お手伝いしますばい」と言われる。そして、『黙してゆかむ』が講談社文庫に収められたことからも、広田弘毅の存在が見直された証明だと力づけてくれたことを今、思い出している。その北川さんも、あっという間に亡くなってしまった。残念で仕方がない。

平成五（一九九三）年五月、ようやく広田弘毅の生涯をドキュメンタリー番組にまとめることがきまった。「戦争犯罪人」、「絞首刑」といったそれだけの理由で、首をタテに振らない人もいたが、私自身、極東裁判史観にとらわれてはならないと思ったのである。

夫人の死

「悲劇の宰相」、この番組の制作に当たって大事なことは二点。一つは監督、ディレクターを誰にするか。そしてもう一つは、主題をどこに求めるかであった。

制作ディレクターを誰にするか、現場プロデューサーを務める沢辺輝孝制作部長の意見を求めたら、黒木和雄さんの名前が出てきた。私の心の中を見透かされたようであった。

黒木さんは、八年前の「かよこ桜の咲く日」で十分に気心が知れた監督である。

その後、念願の井上光晴さんの「明日、ＴＯＭＯＲＲＯＷ」を制作し、文化庁芸術選賞に選ばれた。まさに時の人であった。好事魔多しというか、売れっ子監督の繁雑な生活が影響したのか、「浪人街」の撮影が終わったあと、しばらく病床にあったと聞いていた。

黒木さんの都合を聞くと大丈夫という返事が返ってきた。黒木さんとは八年ぶりの仕事であった。

さて、肝心のテーマについて、広田弘毅をどのように扱うかで悩んだのである。

広田の愛妻静子夫人は、広田が敬愛した郷土の先輩、月成功太郎の息女（次女）で、月成は旧福岡藩士で玄洋社の社員であった。

静子夫人は広田の公判中に謎の自殺をとげるのである。なぜ、静子夫人が自殺したのか、この点が妙に心にかかって仕方がなかった。

幸いに、広田の長男、弘雄氏をはじめ二人のお嬢さん（といっても七十歳を過ぎているが）が健在で、静子夫人が亡くなったあと、お嬢さんたちが健気にも公判を傍聴していたと聞いていた。

私はさっそく、東京在住の弘雄氏に番組制作に至った経緯と、亡母自殺の件でお力添えをいただきたいと手紙を書いたが、「静かにしておいてほしい」という旨のご返事だけをいただいた。

また、茅ケ崎に住むお嬢さんたちとの連絡も一切取れなかった。

いずれにしても、広田弘毅の人間像を通じて、戦後五十年を経た今、昭和史を検証してみるのも意義あることだと自分自身を納得させたのである。

電話口での黒木さんは意外に元気そうで安心した。

「広田弘毅を作りたいのですが」

「えっえっえっ」。電話の向こう側にいる黒木さんの表情が見てとれるようであった。ちょっとばかり困った時の黒木さんの感嘆詞である。

「興味ないんですか」

と重ねて聞くと、黒木さんのあわてた声が返ってきた。

「いえ、いえ、いえ」

これも言葉になっていないが、興味のあることだけは理解できた。

静子夫人のこと、子供たちのこと、広田のことなどかいつまんで説明した。

黒木さんは私より一歳年下の昭和五年（一九三〇）生まれである。広田のことなど説明しなくてもいいのだが、ことの成り行きでつい長電話になってしまった。

黒木監督にとっては久しぶりのテレビの仕事であり、闘病後はじめての仕事とあって、気合のようなものを感じたのである。

私と黒木監督は同世代とあって、広田弘毅観も似通っていたと思う。お互い少年時代を、すっぽりと十五年戦争と重なる時代に生きてきた。

「広田を描くことで、そこに集約されている昭和というものを検証できるのではないか」

「広田の功罪を含め、彼がどのように生き、どのように死んでいったか。これを映像化していくことは意義があることだ」

黒木監督は一人の映像作家として、この時この作品に全身で取り組むことを決意したのである。

黒木監督は、「戦後とは何か」を問いかけている私のテレビ人としての生き様に、共感してくれる力強い助人でもあり、彼が書いた『黒木和雄作品の全貌』のなかで、私をそのように位置づけてくれていた。

福岡市にある広田弘毅像

黒木監督は病後ということもあって、構成を担当し、演出の仕事は岩波映画、青の会以来の仲間である岩佐寿弥さんが担当することになった。岩佐さんはソフトな感じの人で、しきりと福岡が生んだ奇才、夢野久作に興味を持っていた。

私は、なぜか、岩波映画出身の監督に縁がある。「遙かなるダモイ――ラーゲリーから来た遺書」で演出を担当した臼井高瀬さんも岩波映画出身であった。

黒木監督は広田弘毅の巣鴨生活に焦点を絞ってみたいと主張した。独房の広田を、死刑判決から処刑されるまでの四十一日間を描きたいというのである。

「その部分、フィクションとして、日々を再現し、そこに回想を挿入しながら番組を構成する。どうですか。広田を一人の人間として閉じこめてしまうのです。それが巣鴨プリズンなんです」

病後というのに、黒木監督の弁舌は熱く燃えていた。

「ということはドラマ仕立てでいくということですね」

黒木監督は黙ってうなずいた。

私の考えていたことは、旧来どおりの証言ドキュメントであった。

「海峡」「ワルシャワを見つめた日本人形」「あゝ鶴よ」「いま女が語りつぐ……戦艦大和」「祖国へ」、いずれも証言ドキュメントであり、それがテレビ西日本の制作スタンスでもあったと思う。

実は私は、広田静子夫人の自殺にこだわっていた。

なぜ、彼女は自殺の道を選んだのか。「戦争と女性」という視点から、どうしても静子夫人にスポットを当ててみたかったのである。ふっと、明治天皇崩御の折りの乃木希典将軍と、しづ夫人の心中自殺事件を重ねてしまった。

乃木夫妻の場合は、美談としてのちの世にまで語り継がれたが、広田静子夫人の場合は、家族の胸のなかにだけ深く悲しみを刻み込んだ。世間一般は、なんの同情も送らなかった。

「自殺の原因を息子さんやお嬢さんたちが語ってくれればいいんですけど」

黒木監督は、家族の同意が得られないことには仕方がないと言った。

「茅ケ崎の家の前に、何度でもいいから訪ねてみましょうよ」

私の執拗なまでの意見も、多勢に無勢で私も折れざるを得なかったのである。

なにしろ、広田弘毅は、一切の弁明も釈明もしないまま死を選んでいる。重光葵の『巣鴨日記』にあるように、まさに古武士然とした広田であった。家族もまた広田と同じように、一切口を閉ざして語らなかった。

「これじゃ証言になりませんよ」

黒木監督は、私に念を押すように、「ドラマでいきます」と言った。

演出の岩佐監督も、プロデューサーの沢辺制作部長も異論はなかった。

広田弘毅役には田村高廣さん、夫人の静子役には藤村志保さんをきめた。無論、この配役にも誰も異論はなかった。

こうして、わが社のドキュメンタリー制作ではじめての試みとなる「ドキュメンタリー・ドラマ」の制作がスタートを切ることになった。

ここで、広田弘毅のことにちょっと触れておきたい。

広田は明治十一（一八七八）年、福岡市の石屋の長男として生まれた。旧制の中学修猷館から一高、東大へと進んだ英才であった。今と時代が違い、小学校にやるのにもお金がかかったので、当時は就学率も低かった。石屋の伜としては立志伝中の人であった。広田の中学時代も、あわただしい時代であった。高校から大学にかけては日清戦争の最中であった。

明治二十八年四月十七日、下関において講和条約が調印された。それから十日もしない間に、ロシア、フランス、ドイツの三国が、日本の遼東半島の領有をめぐって権利を放棄するように求めてきた。これが世にいう三国干渉である。

広田にとって人生の転機とでもいうべき事件であった。力が弱いから寄ってたかっていじめられる。これからは外交の力がなんとしても必要である。広田は固く信じ、以後、外交官を目指すのである。

郷土出身の外交官、山座円次郎の存在も広田にとっては極めて大きい。

山座は外務省政務局長として、明治三十五年一月の日英同盟に尽力した人物である。のちに清国公使時代、北京に客死した。袁世凱に毒殺されたという風聞まで伝えられたほどで、福岡が生んだ明治外交官の偉才であった。

明治三十九年、広田は念願がかなって外交官試験に合格した。外交官とは何か、広田は山座を見ることで学んでいた。東大生時代、山座の指示で朝鮮、満州の調査を兼ねて、友人二人で現地を訪れている。大連では苦力《クーリー》になって状況視察をするなど、日露戦争前夜の大陸の現状を身をもって知ったのである。

日露戦争が終わり、アメリカ・ポーツマスで開かれた日露講和会議では、日本全権の小村寿太郎外相への評価は極めて厳しいものであった。国情を知らない一般大衆は、「勝った、勝った」と浮かれ上がりその不満が暴発して、日比谷公園を中心とした焼打暴動事件へ発展したのである。満鉄買収交渉でたまたま来日していたアメリカの鉄道王ハリマンは、暴動の過激さに恐れをなしてアメリカに帰国してしまったほどである。

総理の桂太郎や大蔵大臣の井上馨と満鉄買収に関する契約を交わしながら、一方的に契約を破棄した日本に対し、文句一つ言わなかったハリマンの行動は謎とされたが、日比谷暴動事件の恐怖感がそうさせたのかも知れない。

広田は日清、日露の二度にわたって苦渋をなめさせられた日本外交というものを嫌というほど知らされたのである。

広田の人生の転機は二・二六事件であった。日本近代史上、最も大きな反乱事件である。昭和六年の満州事変以後、急激に台頭してきた軍部、右翼の集団テロ事件の頂点であった。

昭和十一年二月二十六日朝、事件は勃発した。彼らの「蹶起趣意書」には「奸賊を誅滅して大義を正し国体を護る」と書かれていた。

斎藤実内大臣、高橋是清大蔵大臣、渡辺錠太郎教育総監が殺され、首相の岡田啓介も危ういところを逃れることができたのである。侍従長の鈴木貫太郎（のちの首相）も重傷を負った。

この事件は陸軍部内における、皇道派と統制派の主導権争いによるものといわれ、折りからの経済不況下、政財界の汚職追放を目論んだ若い将校たちは単に勢力争いに利用されただけであった。

その間、昭和七年三月には皇帝溥儀を擁して満州国を建国。昭和八年二月、リットン調査団の調査報告を不服として国際連盟を脱退した。

この年、広田は斎藤実内閣の外務大臣に就任、内外に大きな期待を持って迎えられた。しかし、昭和十年、中国国民政府に示した広田の回答は広田三原則と呼ばれ、のちに極東軍事裁判での有罪を確固たるものにした因縁の外交文書であった。

二・二六事件のあと、紆余曲折の末に、広田内閣が誕生した。

広田は吉田茂を外相に起用しようとしたが、軍部の反対で妥協せざるを得なかった。広田の胸中はどのようなものであっただろうか。このことについても広田は一言も語ろうともしていない。

時代は、広田の好むと好まざるとに関わらず、確実に、おかしな方向に向かっていた。

その年、広田は日独防共協定を結び、翌年七月、広田自身、不拡大の方針をとっていたにもかかわらず日中戦争が始まったのである。広田内閣は十カ月の短命に終わった。

静子夫人の父、月成功太郎は旧福岡藩士。「知行合一」の陽明学の実践者であり、広田は陽明学について月成の薫陶を受けていた。

広田弘毅の墓に参る藤村志保さんと田村高廣さん

静子夫人は、父、功太郎から厳しい躾を受けていたため、表に出ないタイプの女性であった。

広田家の人々が、戦後五十年、一人として口を開かず、黙して語らないのは広田家の教育の具現であったと思うが、せめて、昭和史の語り部として「父母」のことを含めて語ってくれることを願っている。

静子夫人は昭和二十一年五月十八日夕刻、藤沢市鵠沼の自宅で自らの命を断った。

静子夫人はその前日、練馬の仮寓から長い間、広田と過ごした鵠沼に帰ったばかりであった。

「静子夫人は、妻は夫より先に死ぬべきか、あとを追うべきか、自問自答の末に自害されたと思う」と、福岡市長を務めた進藤一馬氏は「修猷通信」に寄稿している。

極東軍事裁判は昭和二十一年五月三日に開廷、昭和二十三年十一月十二日に閉廷した。二年半の歳月を費やしたが、静子夫人は裁判が始まって二週間後、死を選んでいる。裁判を傍聴したのは二度だけ。自決の四日前、五月十四日、それまで訪れたことのなかった巣鴨拘置所に広田を訪れ、最後の別れを告げている。

広田に遺書はない。戦争を止め得なかった責任を感じていたからに違いない。

昭和十年、岡田内閣の外相時代、「私の在任中に戦争は断じてやらない」と言いきった広田にしてみれば、軍部の独走を阻めなかったことに対して、忸怩《じくじ》たる思いが強かったと思う。

外相時代、それまで公使館だった中国北京に大使館を置いたのも、広田の中国への熱い思いからであり、各国も日本にならって大使館に昇格させている。

作家の北川晃二さんは、彼の作品『黙してゆかむ』のなかで、

「パパがいる時代に日本がこんなことになってしまって、このような戦争を止めることができなかったことは恥しいことです」

静子夫人は、この言葉を遺して自殺したと書いている。

「清く生き、清く死ぬ」。これが広田夫妻の人生訓であり、岳父、月成功太郎の人生訓でもあった。

私は静子夫人がなぜ自決したのか、そのことがたまらなく悲しかった。

「なぜ、静子夫人が死を選んだのか、そこを中心に描いていけば、戦争というものに翻弄され

た女性というものが描けると思う。男は、戦争というものを勇ましく考えるだけで……」

私は自論を主張したが、黒木監督は頑として首をタテに振ろうとしなかった。

「広田家の人々は誰も口を開かない。証言もしてくれないのに、伝聞だけでは静子の死を描くわけにはいかない」

黒木監督の言葉は一見冷たく聞えたが、正論であった。私は語ることもドキュメントならば、語らざることもまた、ドキュメントではないかと思っているのだが。

松林に囲まれた古ぼけた家。雑草が茂るにまかせた鵠沼の家に、三男正雄、長女美代子、次女登代子の三姉弟たちが口を閉ざしたまま暮らしていた。

彼女たちが極東裁判の傍聴に出かけたであろう風景、その思いを描きながら、カメラは、桜の季節頃から回しはじめたが、ついに、彼女らをキャッチすることはできなかった。黒木監督は、そのような感傷的なシーンは、いっさいカットした。「濁る」のを避けた彼一流の厳しい目だったと感じている。

戦犯の妻たち

番組では、戦犯の妻たちという側面から広田だけでなく、遺された家族の証言を求めて木村兵太郎大将（陸軍大将）の妻、可縫さんたちを訪ねたのである。

可縫さんは九十五歳の長寿をまっとうしたが、生涯夫、兵太郎さんの遺言を守って生き続けたのである。

木村兵太郎さんの遺言は「過去を振り返ってはならない。谷底から立ち上がり、息子の太郎を立派に育てて欲しい。人様の援助は受けてはならない」というものであった。

「よそ様が見るに見かね、気の毒だからと太郎の学費くらい、本代くらい出してあげようと言われましたが、主人の遺言でお気持だけを有り難く頂戴したわけでございます」

昭和二十三（一九四八）年十二月二十三日、刑執行の日から四十日間、可縫さんは夫、兵太郎の喪に服した。いみじくもこの日、皇太子（現・天皇）の誕生日である。

可縫さんは、翌年四月からエプロン一枚を風呂敷に包み、実弟の会社で押しかけ同然に働きはじめた。

「弟は最初駄目だと言ったのです。お茶汲みや掃除などさせるわけにはいかぬと申しますの。それでも主人、木村の遺言だからと私も頑張りとおしましてね。やっと許してくれました」

可縫さんは、沢辺君たち取材スタッフにそう語っている。

戦犯家族に対する世間の眼は冷たいの一語に尽きた。太郎氏は陸軍幼年学校に入学していたが、敗戦を迎えて復員、四条畷中学に復学した。

ある日、可縫さんは学校から呼び出しを受けた。担任の教師からであった。

「太郎君は、家に帰って何か変わったことはありませんか」

「いいえ、ちっとも変わったことはございません」

「あ、そうですか」

「それで、太郎が何かしたんでしょうか」

可縫さんは不審に思ってたずねた。

太郎君の背中に「戦犯の子」と書かれた嫌がらせの張り紙がはられ、担任の教師が見るに見かねてそっとはずしていたのである。


昭和二十九年、白菊会遺族会が発足した。フィリピンで処刑された山下奉文陸軍大将の夫人が会長になり、戦犯の妻たちが肩を寄せ合って語り合い、助け合っていた。可縫さんは昭和四十二年、白菊会の会長に推された。千八百名を数えた会員も年を経るにつれて減少、平成六（一九九四）年の春には五十名足らずにまでなっていた。

可縫さんも九十歳を過ぎて、身体が思うようにいうことをきかなくなったため会長を辞退し、二世の会を発足しようとしたが、出席者二名という惨憺たる有様であった。

可縫さんは二世の会をあきらめ、白菊遺族会を解散することを決意したのである。

平成六年五月二十八日、靖国神社へ参拝した遺族たちは、最後の記念写真におさまった。白菊遺族会は正式に解散したのである。

「戦犯という言葉、皆さんはとても嫌がって、もう戦犯でもあるまいとおっしゃるけれど、私は反対なの。戦犯で結構。戦犯という文字をとってしまえば、悪いことをして処刑されたと思われますから。向こう様がつけた戦犯ですから、それで結構です」

その可縫さんも亡くなって五年がたつ。

「裁判の初日でしたかしら、広田様の奥様が自決なさったとお聞きして、それはそれはショックでございました」

可縫さんが、今にも語りかけてきそうな気がするのである。

元首相の東条英機陸軍大将の孫にあたる岩波由希子さんもまた、戦犯家族として荊《いばら》の道を歩んだ一人である。

東条家も広田家同様に、「黙して語らず」を家訓にして戦後を生きてきた人たちである。

昭和二十一年、由希子さんは小学校に入学した。当時、祖父の英機がA級戦犯になっているなど知る由もなかった。兄と通学の途次、近所の子供たちから石ころを投げつけられ、泣いて帰ることもたびたびだったという。

その頃由希子さんは、なぜ石ころを投げられるのか、理由がわからなかったという。しかし、二つ違いの兄は自分の立場がわかっていたので、なぜ石を投げられるのか知っていた。

「そんな兄はかわいそうだったと思います」と由希子さんは語っている。

昭和二十三年十二月二十四日付けの朝刊に、祖父英機の処刑が知らされた。「絞首刑」の文字をひそかに辞書で調べ、はじめて祖父の立場を知った。母は「おじい様はお国のために亡くなったのよ」と子供たちに言い聞かせたそうである。

戦後、東条家はひたすら沈黙を守り通してきたのである。「戦争で亡くなった多くの方々の鎮魂のためにも、東条の人間たちは何も語ってはならなかったのです。それが東条家の掟でしたが、私がそれを破ってしまったのです」

由希子さんは沈黙を破って心のありったけを綴り、出版したのである。

「五十歳を迎えた一人の人間として、沈黙しているだけでは何も生まれてきませんから」と由希子さんは言う。

東条英機が、拘置所の庭に咲いた母子草を押し花にして、便りを妻や娘たちに送り続けていたことを私は知らなかった。

あたたかき人のなさけや母子草

人間東条を垣間見る句である。

由希子さんの手記を読んだ読者から由希子さんの手許に感想が寄せられたという。

「これまで東条英機に対して、ただ憎しみしか抱いてきませんでしたが、人間東条を知って嬉しかった」

由希子さんは戦後五十年、家訓を破って手記を出版したが、この読者の声で本当に救われた気持になったと語っていた。

私たちにとってはじめてのドキュメンタリー・ドラマ「悲劇の宰相」の放送が終わって、視聴者からいろいろとご意見をいただいた。

「朝日新聞」、「読売新聞」に掲載されたA級戦犯に対する尋問調書で、寡黙と思われていた広田弘毅が実は雄弁であり、しかも連合国軍（検察）側は、広田が軍部への積極追従者との判断を示しているという指摘があった。

この点に関して一橋大助教授の吉田祐《ゆたか》氏（『昭和天皇の昭和史』の著者）が、アメリカ公文書館で入手した尋問調書のなかでわかったことは、アメリカ側は広田外交の弱点、ことに中国政策の弱点を鋭く衝いていること、また満州事変と満州国の建設が九カ国条約に違反しているのではないかとの指摘に対して、広田が終始、抗弁していること、それは、自らの外交政策そのものを根幹から覆えされることに対する抗弁であり、広田としても雄弁ならざるを得なかったということであろう。

軍部に対して追従していたという具体的事例はなく、あくまで検察側の主観的な判断以外の何ものでもないことを吉田助教授は指摘している。

広田は他の戦犯と違って、自己の戦争責任に関しては、むしろ回避したくないと繰り返し述べていることなども明らかになった。

『巣鴨日記』に見るように、重光が垣間見た人間広田の面目が躍如としているように思えるのは、私だけだろうか。

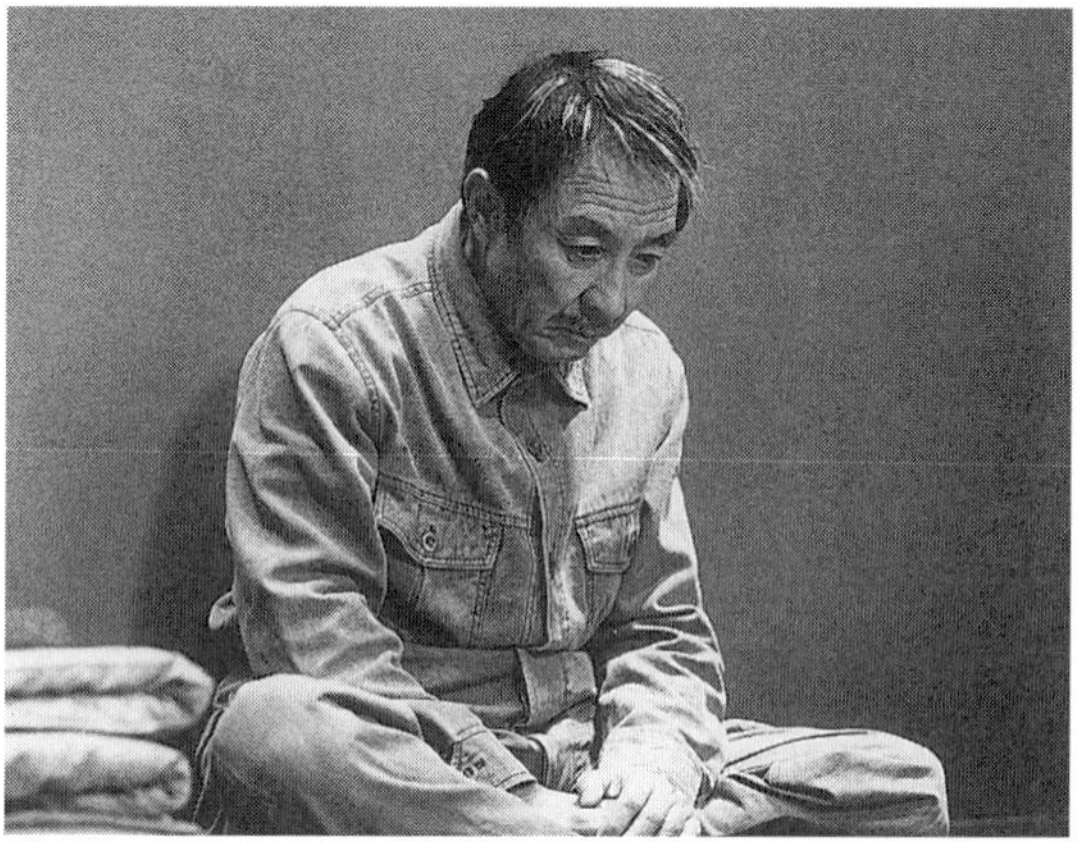
広田弘毅を演じた田村高廣さん

広田弘毅の四十一日間にわたる巣鴨生活を中心に展開した黒木作品について、賛否は両論交々であった。

田村高廣さん扮する広田は、年齢的にも重なるものがあって迫真の演技であった。

静子夫人役の藤村志保さんの場合、多少、消化不良の役どころだったのではなかったかと気にかかったが、藤村さんには、そのような気配すら見えなかったのは有り難かった。当方の心中を見透かされているようで、つらかったことを憶えている。

巣鴨プリズンの教誨師として、幾多の戦犯処刑に立ち会った花山信勝師の名前は忘れることができない。

花山さんの広田弘毅観は、東条英機観とくらべて必ずしも好意的と思えないフシがあったので、番組制作時にたしかめてみた。九十四歳という高齢だったが、花山師の記憶には変化がないように思えた。それはなぜだろうか。

推測の域を出ないが、花山師が語る記憶の断片には、「死刑の時間を告げると、広田は一瞬肩を落とした様子だったので繰り返し告げた」と語っている点など、文官広田のマイナーな面を強調しているように思える。

私を含めて広田ファンにとっては、いささか不愉快なことである。

原因はなんだろうか。沢辺部長が取材のなかで、戒名事件を耳にしてきた。広田が年若い花山師から「戒名は」と言われた時にはっきり断っているというのである。広田にしてみれば、今さら戒名などは無意味なことであったが、花山師にしてみれば、僧侶としてのプライドがかかっていたと考えるのが普通であろう。戒名を断ることが、プライドを傷つけるのと同じ重みを持っているのを、広田は気にとめていなかったのであろう。死刑因と教誨師との思いがけぬ火花が、こうした花山師談話として語り継がれたとしたなら、こんな悲しいことはないと思っている。

川の流れに

満鉄・父たちの青春

昭和の代弁者、満鉄

昭和五十七（一九八二）年以来、「戦後」とは何かをテーマに数々のドキュメンタリー番組を通して「昭和」を検証してきたが、何か大事なものを忘れてきたような気持がしてならなかった。それは「満鉄」であった。「南満州鉄道株式会社」は日本近代史の背骨の役割を担った、いわば「昭和の代弁者」でもあったと思っているからである。

満鉄に興味がなかったわけではないが、満鉄最後の総裁、山崎元幹が福岡出身であることを知り、急に身近なものとして感じるようになった。山崎総裁は十五代目、徳川慶喜も十五代だから、何か因縁めいたものを感じたのである。

満鉄は巨大な企業である。しかし、戦後、満鉄に対する評価は日本の侵略主義の象徴とみられるなど、決して芳しいものではなかった。はたして満鉄は侵略の象徴なのか。このことを検証するのも無意味なことではないと思ったのである。

満鉄については知らない人も多いと思うので、少しだけ経緯に触れてみなければならないと思う。

満鉄の初代総裁は後藤新平である。明治四十（一九〇七）年四月一日、資本金二億円の半官半民の形でスタートした。

満鉄の前身はロシアが経営していた「東支鉄道」で、日露戦争の結果、ロシアから日本へ譲渡された、いわば戦利品であった。

満鉄経営について面白い話がある。当初、この経営についてアメリカのセオドール・ルーズベルト大統領が大変興味を示し、共同経営することで話がついていた。

日露戦争で、ルーズベルト大統領が日本のために尽力したことはあまりにも有名だが、当時の桂太郎首相も井上馨蔵相も、五〇〇〇万ドルの投資はノドから手の出るほど欲しい金額だったので、一も二もなくその話に乗ったのである。ところが、ポーツマス講和会議から帰国した小村寿太郎外相が、満鉄の日米共同経営計画案に猛反対して白紙に戻してしまったという経緯があった。

アメリカの鉄道王といわれたハリマンが、ルーズベルト大統領の意を託されて来日して契約交渉を行ったが、滞在中に、日比谷界隈の大暴動に巻きこまれ、命からがらアメリカに逃げ帰ったというアクシデントが起こった。

日比谷の大暴動とは、ポーツマス講和会議における日本の弱腰外交に対して「日本は勝ったのになんというザマだ」と民衆が怒り狂い、交番などを焼き打ちにするという大変な騒ぎであった。

ハリマンはちょうど日比谷公園とは真向かいの帝国ホテルに投宿中で、その渦中に巻き込まれたのである。

ハリマンはこの日から極度の日本人恐怖症に陥ったようで、日本からの一方的な白紙撤回にも、何ひとつ苦情も言わず引き下がっている。今なら、さしづめ契約違反で大問題になっていただろう。アメリカも満鉄の将来に大変な関心を持っていたことが、この事実でもわかる。


当初、わが国の満鉄経営の基本理念について興味深い話がある。

明治三十九年五月一日、満鉄経営に関する重要会議が明治天皇が臨席する御前会議で開かれた。その席上の話である。

枢密院議長の伊藤博文が厳しい口調で意見を述べている。

「たしかに、わが国は十万人を超える多くの軍人たちを失った。二十億円という国帑《こくとう》も失った。その尊い犠牲の上に、勝利を勝ちとったことは間違いない。その代償に満鉄を得たわけだが、だからといってなんでもしていいというものではあるまい。いやしくも、この土地（満州）の主権は清国にあるのだから、そのことを片時も忘れてはならない」

この伊藤侯の発言に対して、出席者の誰からも異論は出なかった。

この伊藤発言こそ、明治時代における日本の対外基本姿勢を表していると思った。

児玉源太郎が死に、伊藤が凶弾に倒れ、山県有朋が亡くなるまでの明治の先覚者たちのアジア観は、しっかりと地に足がついたものであったと知り、私はホッとした。

これこそ、満鉄発足当時の基本理念と理解してよいのである。

初代総裁の後藤新平も、児玉源太郎の意志を継いで経済発展に意をそそいだ。

鉄道守備隊を、大がかりな軍隊の介在を避けて、関東都督のもとに置くようになったことも、その例証の一つである。

児玉の夢は、単なる植民地支配ではなく、楽土建設であった。台湾総督として九年の実績を持つ児玉は、台湾を「蛮地」からものの見事に、経済力を持った「楽土」に変えている。

様々な問題があったとしても、日本の台湾統治は典型的な善政であったと思う。

さらにもう一つ、児玉には満鉄をイギリスの東印度会社を越えるものにしたい、という願いがあったのである。

「イギリスの今日（明治三十九年当時）あるのは東印度会社の成功にあった」というのが児玉の口癖であった。

当初二一八〇名でスタートした満鉄も、四十年の間に、従業員四十万人を超える巨大コンツェルンに発展した。

満鉄三十五周年を迎えた昭和十七年、作家菊地寛が『満鉄外史』を発表した。

「今や満鉄は大東亜共栄圏の一大動脈であると共に、日本民族が大陸に獲得した最初の生命線である。その線路には、新栄日本民族の最も進取的な血と情熱とが、永久に脈々と通っているような気がするのである。

大東亜共栄圏の建設に邁進する日本民族は、常にこの鉄道建設に灌がれた先人の意気と情熱とを顧みることが絶対に必要なことだと私は信ずるのである」

と述べている。それからわずか三年後、日本は敗戦を迎えた。

昭和二十年八月、敗戦。関東軍は壊滅したが、満鉄は粛々と社員家族の引き揚げを行い、四十年の歴史を閉じた。

山崎総裁をはじめ多くの有志たちは中国内戦のなか、輸送業務を続行し、引継作業を完了した二年後、最後の引き揚げ船で帰国したのである。私はこの話を聞き、山崎総裁の偉大さを知った。児玉や後藤たち明治の先達たちの面影を山崎元幹のなかに見出したようで、清々しかった。この話を教えてくれたのは、日本技術開発の小坂正則会長（故人）である。小坂さんは戦時中、報知新聞新京支局長として活躍された方である。

満鉄最後の総裁山崎元幹についてはかなり資料も残っているので一安心だったが、満鉄をどのように扱うのか、言いかえれば満鉄の功罪についてどう評価するのかという点で、即断することは難しかった。

東京銀座の一角に、財団法人「満鉄会」がある。今頃満鉄が、と思われる方も多いと思うが、まぎれもなく旧満鉄の残像である。現在四千人の会員を抱える団体だが、一様に満鉄への思いは強い。

私に満鉄会のことを紹介してくれた瀬島利四夫さんは、伊藤忠会長瀬島龍三さんの実弟である。瀬島利四夫さんは、「あ、鶴よ」、「ラーゲリーから来た遺書」などのテレビ作品をとおして私とは旧知の間であったが、「満鉄」を制作したいという私の一念を知ってぜひ協力したいと言われた。伊藤忠の本社で龍三、利四夫さんご兄弟に会った時、釘をさされたことを覚えている。「満鉄も日本の侵略の手先であったという表現だけは絶対に止めて欲しい」ということであった。

取材時にお目にかかった当時の満鉄会会長の加納健一さんからも、「満鉄の功罪論はいろいろあるが、何といっても満州の発展に尽くした役割は大きく、教育、文化、産業などの担い手であったと自負している。

凍土のなかでの建設工事は想像を絶する難工事の連続だったが、総延長一万数キロの路線を建設、世界の注目を集めたのも事実です。

ただ、満州国建設に伴い日本の侵略のお先棒を担いだと非難されているが、満鉄は決して侵略の手先ではなかったことを訴えたい」と聞かされたのである。

巨大な「満鉄」への取り組み

その年の一月、番組審議会の新年会の席上で、「ぜひ今年、かねてからの懸案であった満鉄にチャレンジしたい」と披露、当時、番組審議会の向井正人委員長からも「極めて雄大な企画であり、満鉄は昭和を語るうえでは欠かせない存在である」と励まされた。向井委員長は満州国建国大学の出身であったから、満鉄に対する想いは強かったのである。

放送は九月、全国放送ときまった。

一二〇分の番組では、なかなか語れる代物ではないことはわかっていたが、いざ企画の段階に入ると、予想を遙かに上回る巨大企業だけに、どこに焦点を当て、どう絞りこむのか難しかった。満鉄と真正面から向き合うと一二〇分の番組時間では間に合いそうにない。向井委員長からも、「これは三部作ぐらいにしないと描ききれないのではないか」と言われたほどである。

私どもが開局した頃、日本テレビの番組で「二十世紀」というフィルム番組があった。フィルムを挿入しながら、スタジオでトークしていく番組形式だった。この種の形式をとれば作りやすいのだが、地方局発の全国放送ではやや難がある番組スタイルなので、これも難しい。

最後の総裁山崎元幹を中心とした満鉄マンたちの二年にわたる献身的な戦後処理を描きながら、〝満鉄魂〟のようなものを描いたらどうかという意見もあった。

私としても、この意見が一番適切ではないかと思ったが、半年の制作期間では間に合いそうもないのである。結局のところ、企画は満鉄会にあった会員名簿を頼りに、満鉄二世たちに登場していただき「父たちの青春群像」を描くことで満鉄を語ろうということに落ちついたのである。

満鉄二世を調べていくうちに、意外に著名な人たちが多いのに驚いた。岩波ホールの総支配人を務める高野悦子さんや、映画「寅さん」シリーズの山田洋次監督、経済評論家の神崎倫一さん、歌手の加藤登紀子さんなど、多士斉々である。

「この人たちを中心に物語を展開すれば番組になる」と確信した私が、さっそく中華人民共和国福岡総領事館に、企画書をつけて取材のための渡航申請を出したのは、その年の三月末であった。

取材先は大連、瀋陽（奉天）、ハルビン、長春などで、とくに高野悦子さんの著作『黒龍江の旅』を柱にしようと考えての選定であった。

瀋陽に近い蘇家屯に、あじあ号の名機関車パシナ号が雨ざらしになっているということも聞き込んだので、その取材も考えていた。パシナ号取材には、山田洋次監督をレポーターにできればと思っていたが、渡航申請がなかなか捗《はかど》らず、結局、許可されなかった。福岡の中華人民共和国の総領事館をはじめ、東京の大使館にも再三陳情に出かけた。

私どもテレビ西日本と友好局である大連電視台も、取材実現に誠心誠意動いていただいたことはもちろんである。しかし、満鉄企画はついに六月末まで渡航許可が出なかったのである。

これはあくまでも私たちの推測に過ぎないが、「満鉄＝侵略」という図式がこのような結果を招いたのではないかと思っている。刻限は容赦はしない。日、一日と過ぎて、私はかなり焦っていた。藁にもすがる思いであった。

その頃、岩波ホールの高野悦子支配人のところにハルビン医科大学の元学長をしていた于維漢さんが訪ねてみえるという話を聞きこみ、さっそく取材を申し込んだのである。

高野さんの父・与作さんは満鉄の施設局次長で敗戦を迎えた。昭和五（一九三〇）年に満鉄入社以来、鉄路の施設工事にたずさわってきた技術者だった。昭和四十八年、与作さんを題材に『父・与作』を出版したのが機縁で、高野さんと于さんとの交流が始まった。

高野悦子さんは昭和五十一年、満鉄時代の与作さんの足跡をたどる旅をし、『黒龍江の旅』という本にまとめた。その旅の実現に務め、『黒龍江の旅』の中国語版を出版したのも于さんであった。

黒龍江の旅で高野悦子さん姉妹は、父・与作さんの遺骨を松花江にそっと流した。この地、この大河は、与作さんの青春を育んだところである。「美しい花と一緒に流しました。父の遺言でしたから」と高野悦子さんは語っている。

この『黒龍江の旅』には、日本と中国を愛した男たちの物語がぎっしりと書き綴られている。先にも述べたように、私はこの『黒龍江の旅』を下敷きにしてテレビドキュメントを作り、その背景に満鉄を語ろうと思っていたのである。

しかし私のその志も水泡に帰してしまった。

彼女は私と同じ昭和四年生まれの巳年で、七十歳を過ぎた今でも超多忙の毎日である。

「父をはじめ明治の人たちの志は高くても、結果的には侵略者となったことは否めない。私たち、満鉄に縁のある子供たちは、今こそ日本と中国が、本当に仲良く親しくなるように手助けを

すべきだと思っています」

と、高野さんは語っているが、たしかに、結果的には侵略者の烙印を押されるのであろうか。このことは、「満鉄」を描く場合、避けてとおれない論点であることは間違いない。

高野さんが言うように、明治の人たちの志は高くても……という一点をどのように促えるのか、どのように評価するのか、このところをしっかりと見据えておかないと、「満鉄」を語る資格がなくなると思っている。

歴史は間断なく流れている。

昭和だけを論じる場合でも、明治維新までさかのぼって考えなければならないと思う。そのようなことは必要ないとおっしゃる方があるかもしれないが、それは間違っている。昭和が突然に出現したわけではないのだから、歴史の流れを凝視すべきである。

明治維新は単なる王政復古ではない。西欧列国の日本侵略に対する防衛のための維新であったと考えている。

その頃西欧列国は、中国、満州、南インドシナ半島、フィリピンなどを侵略し、次は日本に的を絞り込んでいたという事情があった。富国強兵は時代の流れであった。勢い「力」に対する「力」のパワーバランスにのめりこんでいかざるを得なかった。

戦後、五百円札に登場した新渡戸稲造先生でさえも、満州の地を「無主の地」と東京大学で講義したという話が残っているが、満州についての認識は、その程度であったのかと耳を疑いたく

なる。しかしこれが、当時の世界的通念だったと理解してよいのであろう。

もちろん、それが侵略を正当化する論拠にはならないことは知っているが……。このような論争を展開するだけでは、番組として果たして視聴されるだろうかという疑念もあった。

中国政府の入国拒否（ビザ不許可）のおかげで、固苦しい番組にならなかったことだけはたしかであった。

「あじあ号」

満鉄といえば「あじあ号」があまりに有名である。大連－新京間およそ七〇〇キロを八時間二十分で走破した当時の新幹線であった。蛇足だが、新幹線を作った国鉄のエリートたちの多くは、実は満鉄勤務経験者だったという。

私たちの時代、旧制中学の卒業旅行は満州旅行で、「あじあ号」に乗るのを楽しみにしていた。私は中学四年の夏に敗戦を迎えたので、ついに満州旅行は夢となってしまった。

さて、この「あじあ号」と縁のあったのが、映画監督山田洋次さんの父・正さんであった。正さんは、蒸気機関の蒸気リサイクルシステムを研究する技術者だった。

山田さんの話を聞いていると、五十五年も昔のことが、つい昨日のことのようだから不思議である。

「あまりに長くて、プラットホームから顔（機関車のこと）を突き出したパシナ（「あじあ号」のこと）の、まるで若鷲が大空を圧倒するような、エネルギーにあふれているその力に感動したことを今でもはっきりと覚えています」

山田監督が、感受性豊かな小学生になったばかりの頃の思い出である。

山田さんの父・正さんは昭和初期、当時ロシアが開発した機関車の蒸気リサイクルシステムの技術を研究するためロシアに派遣された。このシステムは、機関車に必要な大量の水を効率的に確保し、供給するシステムで、長距離運行が必要なシベリア鉄道にとって、当時としては画期的な開発であった。日本がこのシステムに関心を持ったのは当然であった。

パシナ号

山田さん一家は父の任地が変わるたびに、各地を転々とした。

「ハルビンではロシア風の洋式住宅で、靴ばきの生活であったが、新京では日本風の座る生活になり戸惑った」と転居の時々の懐かしい思い出を語っている。

その山田さんも、数度にわたる中国訪問の際に父の知人に会い、温かい人情や開放的な雰囲気に接して戸惑いを感じるとともに、当時のことを思い出して、日本人として恥しく、反省の気持を強くしたと語ってくれた。

その理由は、山田さんが記憶している満州時代の日本人社会は、例外なく日本人租界を作り、現地の中国人たちとの交流は皆無だったというのである。

「柳川市の中学伝習館を卒業した父は、朝鮮半島や中国に対しては関心が深かったようです。母は旅順生れです。父のことで一番印象に残っているのは、機関区の現場に行く時に金ボタンがきらきら光った作業服を着ている姿で、キリリとした父の姿は子供心にも大きく見えました」

山田監督の興味は、満鉄の鉄道魂が今、どのように生きているのか、父たちの技術開発がどのような形で残っているのか。それが一番知りたいことだという。

実は高野悦子さんも「あじあ号」には特別の感情を持っていた。

「あじあ号」の計画が出た時（昭和の初期）、鉄道部工務課に在籍していた父・与作さんらに、大連－新京間を八時間で走らせるようにとの命令が出されたというのである。

「あと七百万円予算をつけてくれたら」と、与作さんは答えたが、結局、予算がつかずに、八時間五十分で走らせることになったという話を聞いた。それから五年後に、「あじあ号」は大連－新京間を当初目標の八時間で走るようになったが、それまでに要した費用は七百万円であった。与作さんが計算した通りの数字であったという。

高野与作さんがすごいところは、技術者の権化ともいえる意志の強さである。敗戦前夜、ソ連軍が国境を越えて侵攻してきた時、関東軍から鉄道関係の重要書類や図面などを、すべて焼却するようにとの命令がきた。当時、瀋陽の責任者であった高野さんは「技術者は建設するものであり、破壊するものではない」と、これに異議を唱え、燃えさかる炎のなかから重要書類を守ろうとしたのである。焼失した青焼きから、一カ月かかって図面をトレースし、中国側に引き渡したという。戦後中国東北部の輸送力確保の大きな力になったのは言うまでもないであろう。

于維漢さんが高野与作さんを慕う因縁はここにあった。

先ほども書いたが、「あじあ号」といえば、それを牽引した機関車パシナは瀋陽郊外の蘇家屯の機関区で静かに巨体を横たえている。雨ざらしで、今は全身錆びついてしまっているという。弱冠十九歳でパシナを運転した戸島健太郎さんは、今年七十六歳。満鉄会では一番若い会員である。現在、山口県豊浦郡川棚に住んでいるが、私は電話口の戸島さんを息子さんと勘違いしたことがある。あまりに若々しい声のためであった。

パシナのことをお聞きしてから、かれこれ六年になるが、戸島さんはこれまで二回、蘇家屯のパシナを訪ねている。一回目は鉄道ジャーナル主催の「パシナ号中国東北の旅」であった。

「大連から撫順までもう一度走らせたい」と、中国の関係者たちは言っているそうだが、錆びついた部品を取りかえるだけでも何億円もかかるといわれており、二メートルの大径の車輪も、かつての川崎車輛（現・川崎重工業）で修理できるかどうかも怪しい話だという。

私はそんなこととは知らず、パシナ号が蘇家屯に存在する話だけに乗ってしまい、大連から長春（新京）まで「あじあ号」を走らせ、その車中を中継形式をとりながら、いろいろな人たちの思い出を聞いていくというような番組を、まじめに考えていた。そしてこの企画番組のために、大連電視台の協力方をお願いしたことを思い出している。

この企画にのぼせていた私に、「錆びついて走りませんよ」とは、大連電視台の人たちも言えなかったのだろうと思ってみたりしている。

私が子供心に描いた「あじあ号」に乗りたいという夢は、今でも消えてはいない。だからといって、七十歳を過ぎた今日、昔の仲間たちで卒業旅行をしようではないか、という突拍子もない人間はいそうにないのである。さびしい限りである。ただ、戸島さんが、「太平洋戦争の末期、あじあ号が大豆油で走らなければならなくなったんです」という言葉は、あまりにも悲しくて忘れることができないでいる。

数千キロに及ぶ満鉄の鉄路は、一朝一夕にできたものではない。なかでも凍土との戦いは、艱難辛苦の連続であったという。

昭和五（一九三〇）年、高野与作さんと満鉄同期入社の友松退蔵さん（宮崎県出身）は、凍土での鉄道建設の研究に生涯を打ち込んだ人である。凍土研究のために三十四歳の生涯を捧げたといっても過言ではない。その友松さんの尊い仕事を讃えた記念の石碑が、十年ほど前に、中国の東北のある村で発見された。

このように多くの犠牲を払いながら、満鉄は発展していったのである。

経済評論家の神崎倫一さんも満鉄二世の一人だが、大連時代、高野悦子さんの隣家だったそうである。

「旧制高校時代、奉天のヤマトホテルで、父から満鉄の株券の入った紙袋を渡されました。日本がたとえ負けても満鉄はきっと残るから大事にしまっておけと言われましてね」と、神崎さんは語っている。

満鉄とともに生きてきた人たちは、真剣に満鉄不滅を信じていたようである。

「満鉄が国策会社として強くなったのは満州事変以後です。満鉄の人間は本当に優秀な人ばかりでした。昭和に入って利権に群がる人が増え、日本人のイメージを悪くしてしまったと思います」と神崎さんは言葉を結んだ。

放送から六年がたったが、中国関係者から、満鉄に関する評価は聞き出せないでいる。敗戦後の混乱期、中国内戦の真只中、二年にわたって粛々と鉄道業務を遂行した山崎元幹総裁以下の満鉄マンたちの業績は、どのように評価されているだろうか。ぜひ、聞いてみたい気がしている。

私は今一度機会が与えられれば、真正面から満鉄と向かい合いたい気持で一杯である。

「テレビ西日本」ドキュメンタリーの系譜

テレビ西日本は、昭和三十三年の開局以来、様々なドキュメンタリー番組を放映してきた。テレビ西日本のドキュメンタリーは、地域の公害や行政といった問題に焦点を当てた報道ドキュメンタリーと、戦争などの大きな渦のなかで懸命に生きた人間に光を当てるヒューマン・ドキュメンタリーに大別される。

過去十年間の作品群を振り返ってみよう。

後述のごとく全国的な評価を受けた作品群であるが、この十六本の骨格としてあるのは「戦争と平和」、「戦争のなかにおける人間」であり、極限情況のなかで人間がどのように生きたかという記録=ドキュメントである。舞台は、日本であり、アジアであり、ヨーロッパである。戦争のなかで人間がどのように生き、平和を求めて行動したかというテーマにふさわしい題材であれば場所を選んでいない。本来、地域の放送局として地域に根ざした話題を取り上げ、良質の作品として完成させ、地域の人々に還元するという制作姿勢は基本であるが、テーマにふさわしい題材であれば場所にこだわらず、世界に視点を定め作品化している。これはローカルの放送局としては特異なケースであり、それだけに質の高い作品が要求される。まさに福岡から全国に向けて「平和へのアピール」の発信である。

番組企画がディレクターやプロデューサーから提案され、社内の関係部局による「番組企画会議」によって可否が決定されるが、制作日数、制作費なども企画内容によって決定される。番組制作の方針が決まるとプロジェクトチームが組まれる。プロデューサー、ディレクター、カメラマン、VE（ビデオ・エンジニア）、音響の五人のチームが多い。四、五人のチームで取材スケジュールなどが組まれるが、完成までには、エディター（編集）、ミキサー、ナレーターなどさらに多くの人々の力が加わる。

番組の内容によっては、企画一年、制作一年など完成までに数年を要することもあり、一年に一本、渾身の力を込めた作品を作るわけであるが、寝ても起きても作品の構成や作業を考えることになる。時には主人公が夢のなかにまで登場することがある。

地域の放送局、民放としては、大型ドキュメンタリーの制作放送は、テーマにもよるが一年がかりの制作ともなればスタッフの確保、制作費とも大変なことである。しかし視聴者への還元であり、視聴者へ心からのメッセージが届けられるという、制作者としてこれ以上望めない喜びを覚えつつ制作を続けている。

作品群の内容を紹介すると、昭和五十七年放送の「海峡――在韓日本人妻たちの三十六年」は戦前、国の内鮮一体化政策のなかで朝鮮半島出身の男性と結婚、終戦と同時に「外地の引き揚げ者」と逆流する形で朝鮮半島に渡り、現在も異境の地に忘れられた日本人妻たちの望郷の想いを記録した作品で、戦争によって海外に放置された女性や孤児たちの問題を提起した最初の作品である。

次の「私に祖国を」は、ベトナム難民が日本に定住するに際して直面した問題をテーマにしたもので、異国での家族の絆、日本の国際性を問うたものである。

そして「ワルシャワを見つめた日本人形――タイカ・キワの四十五年」は、日本人オペラ歌手、喜波貞子をモデルにした一体の日本人形がポーランドの首都ワルシャワにあるパビアック戦争博物館に展示されているが、この人形制作者カミラ・ジュコフスカの数奇な運命や、戦争によって引き裂かれていく夫婦の思いを、オペラ「蝶々夫人」に託して描いた作品である。続く「最後の演奏会――父たちの青春」は、太平洋戦争末期、学徒出陣で祖国、肉親と別れる音楽を愛した学生たちが、日比谷公会堂で空襲の最中に最後の演奏会を開き、万感の想いを胸にチャイコフスキーの「悲愴」を演奏するという秘話を基にした作品である。

戦争の中で懸命に生きた人々の姿を描いた作品はさらに続く。

「石に刻む――もうひとつの沖縄戦」、この作品は、日本最南端の島、波照間島における苛酷な戦争体験を描いたテレビドキュメントである。

日本とポーランドの共同制作となった作品「かよこ桜の咲く日」は、原爆とアウシュビッツという二つの大量殺人が行われた戦争の悲劇を、長崎の犠牲者にちなんで植えられた「かよこ桜」

の美しさ、はかなさをバックに描いた作品で、昭和六十年度の文化庁芸術作品賞をはじめ、数々の賞の対象となった。

軍部が隠していた戦争ノモンハン事件を掘り起こしたのが「あゝ鶴よ」である。無謀な戦争に駆り出された男たちの悲劇を、全国を駆けめぐって得た貴重な証言でつづる。その延長線上にあるのが「遙かなるダモイ」、「祖国へ」である。前者は戦争によって当時のソビエト・シベリアに抑留された男たちの記録であり、後者はジャーナリスト笠信太郎氏を中心とした、海外で戦争終結に努力した男たちの記録である。

いずれも、風化していく戦争の実態を「証言」として記録したものであるが、やっと重い口を開いてくれ、あるいは思いの丈を語ってくれたあと、肩の荷を降ろしたように亡くなられたり、言葉を失ってしまうような方々もいる。今記録しておかなければ、子や孫にそして戦争を知らない人々に悲劇を悲劇として、戦争の愚を伝えることなく風化してしまうことになる。

一人の人間が厳しい状況のなかでどう生きたかを記録するのに、テレビは最もふさわしいメディアに違いない。人間の想い、願いが人々の全身を通して伝わるからである。テーマを練り、完成度の高いドキュメンタリー作品を送り出すことは、地方の放送局にしかできにくい状況であるし、また地域の放送局としてのあるべき姿である。人間の思いを伝えるにふさわしい手段、放送という機能をさらに生かさねばならない。

テレビ西日本受賞番組（昭和五十七年度以降）

―戦争と平和シリーズ

「海峡―在韓日本人妻たちの三十六年」（昭和五十七年六月二十五日放送）
昭和五十七年度日本民間放送連盟賞テレビ報道番組最優秀賞、昭和五十七年度日本赤十字映画祭優秀賞

「私に祖国を」（昭和五十八年六月二十日放送）
昭和五十八年度日本放送連盟賞テレビ報道番組優秀賞

「熱砂と波濤―ペトロ岐部の生涯」（昭和五十八年六月二十六日放送）
昭和五十八年度日本民間放送連盟賞テレビ教養番組優秀賞

「ころび申さず候―ペトロ岐部の生涯」（昭和五十八年十一月三日放送）
昭和五十八年度ギャラクシー選奨

「ワルシャワを見つめた日本人形―タイカ・キワの四十五年」（昭和五十九年十一月十一日放送）
昭和五十九年度ギャラクシー賞、昭和五十九年度文化庁芸術祭テレビ部門優秀賞、昭和六十年度赤十字国際コンクール審査員特別賞

「最後の演奏会―父たちの青春」（昭和六十年六月十六日放送）
昭和六十年度日本民間放送連盟賞テレビ教養番組優秀賞

「石に刻む――もうひとつの沖縄戦」（昭和六十年六月二十二日放送）
昭和六十年度「地方の時代賞」特別平和賞
「かよこ桜の咲く日」（昭和六十年八月三日放送）
昭和六十年度文化庁芸術作品賞、昭和六十年度ギャラクシー賞、昭和六十一年度「地方の時代賞」特別平和賞、第一回上海友好都市テレビ祭賞
「いま女が語りつぐ……戦艦大和」（昭和六十一年五月二十五日放送）
昭和六十一年度文化庁芸術作品賞、昭和六十一年度ギャラクシー選奨
「南方特別留学生の軌跡」（昭和六十一年六月二十一日放送）
昭和六十一年度日本民間放送連盟賞テレビ報道番組最優秀賞
「吉四六村の天平君」（昭和六十二年四月二十六日放送）
昭和六十一年度日本民間放送連盟賞テレビ娯楽番組優秀賞
「はるかなるクワイ河――泰緬鉄道はいまも」（昭和六十三年六月二十五日放送）
昭和六十三年度「地方の時代賞」審査委員会推奨
「あゝ鶴よ――ノモンハン五十年目の証言」（平成元年六月二十四日放送）
平成元年度文化庁芸術作品賞、平成元年度「地方の時代賞」優秀賞、「世界テレビ映像祭」海外審査員賞、平成元年度ギャラクシー推奨賞
「ボクらはカザフの遊牧民」（平成元年九月二十二日放送）

平成元年度中央児童福祉審議会推薦文化財
「遥かなるダモイ――ラーゲリーから来た遺書」（平成二年五月二十六日放送）
平成二年度文化庁芸術作品賞
「祖国へ――スイスからの緊急暗号電」（平成四年二月二十九日放送）
平成四年度民間放送連盟教養番組優秀賞、平成四年度文化庁芸術作品賞
「螢の木」（平成九年九月二十七日放送）
平成九年度文化庁芸術祭優秀賞

尾山さんと私

加瀬俊一

私がテレビ西日本の尾山達己さんを知ったのはもう十年以上も前になろうか。彼が常務時代だったか、その明敏な思考力と円熟した魅力に、私はたちまちトリコになってしまった。

いつも鎌倉の私宅に来訪されたが、いつだったか、鎌倉に大雪が降った日、水道が止まってしまったので、庭の雪水を使ってお茶を出した思い出がつい昨日のようだ。

あの時のお紅茶はとても美味しかった、と今でも言ってくれる。ほんとになごやかな思い出である。

尾山氏は社長になってから、さらに視野が広くなったばかりでなく社交家として磨かれ、また彼特有の歴史眼が冴えてきた。それだけに彼と対話すると新発見が多く、それが私にとって貴重な収穫になった。

テレビ西日本は福岡の局で、私も一度、そのお世話で福岡を訪ねて講演会に出席したことがある。人材の多いのに驚きもし、あらためて尾山氏に対する敬意を持ったのである。

日暮風吹
落葉依枝
寸心円意
愁君未知

青渓　小姑

日は暮れ風吹き
枝に葉は落つ
もゆるの思ひは
君に知られず

佐藤　春夫（『車塵集』）より

（元国連大使　かせ・しゅんいち）

黄金期の軌跡

松永伍一

人生にあっても歩いてきた道程をふりかえるにふさわしい時期というものがあるはずで、早い遅いもさることながら、仕事が進行中は好ましくないし、もう同じような状況は起きないと判断されたときを選ぶべきで、このたびの尾山達己さんの『あゝ鶴よ』の刊行は、まことに時宜にかなっていると感じられる。

かつてテレビ界でドキュメンタリー番組が盛んに制作された時期があって、私はそのころをなつかしく思い出す。テレビが変わったいまドキュメンタリー番組の比重が限りなく低下して、社のメンツにかけて名作を世に送り出した実態も歴史の薄暮のなかに隠れてしまった。そしてエピソードも語られにくくなってさびしい。

テレビ西日本はドキュメンタリーのいくつもの秀作をつくり、テレビの可能性を実作によって示した名誉ある黄金期をもっている。その中核にあって企画を練り指揮をとったのが尾山さんであった。制作局長当時の尾山さんのテーマへのこだわりと愛情とプライドに、私は旧友のひとりとして直に触れ、文字の限界に思い当たることもしばしばで、「ドキュメンタリーは強い」と羨望の念をいだいたほどである。

むろん番組への感想も折々に述べたし、レポーターとして現地に赴いたこともあるから、尾山さんの一連の仕事との縁は浅くないのだが、だからこそ私の直接かかわらなかった作品についていろいろ知りたいという欲求がふくらむ。まるでそれに応えるかのように、尾山さんは『あゝ鶴よ』をまとめてくださった。うれしい限りである。

言うまでもなくこの本は、尾山さんのドキュメンタリー作品の製作記録であり、テレビマンの自伝の一部を成しているのだが、もう一つの意味がここに含まっているように私には思われる。それは、歴史の本質を見据えることなく現象だけを報じてよしとするテレビ界への警鐘である。それを感じ取ることのできる人にとって、この本は重い。


（詩人　まつなが・ごいち）

ドキュメンタリスト・尾山達己さん

大森幸男

尾山達己さんが好著『あゝ鶴よ』を刊行された。テレビ西日本の報道制作局長になられて発想し、昭和五十七年の「海峡」から始まって「螢の木」に及ぶ十余年間、プロデューサーとして世に問いつづけたドキュメンタリー「戦争と平和」シリーズは十五作品になる。その中で、最も思い入れの強かったこの番組をあえて表題にしたものだと思う。

その間、尾山さんは常務、専務、副社長、社長と、勤め人としての王道を歩んだ。ドキュメンタリストがこう栄進すること自体、民放界では稀有といっていい。しかし私は、この人の真骨頂が「ドキュメント屋」にあると信じて疑わない。彼を敬愛し、年齢こそ私よりかなり下だか、畏友としているゆえんである。

尾山さんを支えて若い演出家、編集者、カメラマンたちがたくさんいた。彼らは身を挺して酷寒のシベリア、中国東北部、灼熱のニューギニアなどに出かけ、困難なテーマに取り組み、みごとに成果を挙げている。収支つぐなったのかどうかは知らないが、尾山さんの采配で多額の制作費が投じられたことは間違いなかろう。

二、三を除いて大半が芸術祭賞、文化庁芸術作品賞、民放連賞、ギャラクシー賞、放送文化基金賞など名だたる番組コンテストで受賞している。私もこれらの選考・審査員を務めたが、「テレビ西日本の作品」というだけで、事前にメンバーの間に緊張感が走った時期があった。「海峡」「ワルシャワを見つめた日本人形」「いま女が語りつぐ……戦艦大和」「遙かなるダモイ」「螢の木」――いずれも今なお鮮やかな印象を残すが、やはり、表題の「あゝ鶴よ――ノモンハン五十年目の証言」は特記されていい。ベールの向こうの遠い戦争。その「悲惨な遺産」は放置されたまま、息苦しい鶴の声にだけ伝えられている。ドキュメンタリスト・尾山さんの、思いの凝縮がそこにある。

（放送評論家　おおもり・さちお）

番組作りに熱する稀にみる経営者

志賀信夫

新聞界から放送の経営者に転じた人は、かなり多い。新聞と放送の同系列化が積極的に行われた日本の特異現象といえるが、では新聞のジャーナリズム精神がそのまま放送界へ流れてきたかというと、放送の経営と電波技術を勉強し過ぎたせいか、肝心のジャーナリズムのほうは置き忘れてしまった人が少なくない。

そんなマスコミ界の動きの中で、尾山達己さんは新聞のいい意味でのジャーナリストとして誇りを、放送界に入っても持ちつづけてきた異例の人であり、長い間敬服してきた。

さらに、尾山さんはそのジャーナリズム精神を持ちながら、番組制作者として生き続けてきた。放送界のプロデューサーとしても、一流の仕事を長い間やり遂げてきた。新聞記者として原稿を書き通してきた編集畑のエリートのように、番組作りに終始たずさわってきた。しかも意欲的な野心的な国際的なスケールの大きい企画を持ちこんだ。

「モノ作り」が大変好きな奇特な放送人であり、放送の制作現場から経営者になってもテレビ・プロデューサーとしての仕事をやめなかった。副社長になったとき、もうこれでプロデューサーという仕事とは縁が切れてしまうだろうと予測していたら、またまた番組企画の話に夢中になっていた。よほど、番組を作ることが好きなのだろう。もうその話になると目の色を変えて、その制作意図を語り出す。

デジタル化が進み、その技術や経営について語り出す経営者はそちこちに見られるが、尾山さんのように、人間の生き方に興味を持ちその闘いの人生をテレビ番組として視聴者に訴えようとする放送人はほとんどない。

二〇一〇年ごろから、ネット時代からコンテンツ時代に移るだろう。そのとき、尾山さんはプロデューサー経営者として、さらに高く評価されるに違いない。それまでお元気に活躍して下さることを願って止まない。

（放送批評懇談会理事長　しが・のぶお）

誇りに思う仕事

藤村志保

尾山さんとの出逢いは、いまから十四年前の昭和六十一年、私がテレビ西日本制作のドキュメンタリー「いま女が語りつぐ……戦艦大和」のナレーターをつとめた時でした。

海に散った戦艦大和の乗組員たちの、残された妻や母や姉妹たちの心の叫びを、証言構成で作ったものでした。

当時、尾山さんの指揮のもとに一年に一本作成され、戦争と平和をテーマに、いろいろな角度から提言するドキュメンタリーは、静かに、時には激しく私たちの胸に平和への願いを刻みつけていきました。

私はその後「あゝ鶴よ」「遥かなるダモイ ── ラーゲリーから来た遺書」「祖国へ ── スイスからの緊急暗号電」「悲劇の宰相 ── 広田弘毅の生涯」のナレーターを担当いたしました。

今でもこの仕事を誇りに思っています。

私の父は昭和十八年、太平洋戦争の激戦地、南太平洋の小島タラワで玉砕、叔父は学徒動員でシベリヤの極寒の地で捕虜生活、終戦後四年経って舞鶴の港に帰ってきたりと、私なりの傷みも重なってか、ナレーション録音の時はいつも胸をつまらせていました。気持を鎮めて鎮めて本番のマイクの前に座ったものです。

尾山さんがプロデューサーとして何をつくるべきか、何をつくりたいかはいつも明確で、放送人としての社会的責任を全うした方だと思います。

素の尾山さんは実に可愛く愛嬌のある方です。どしゃぶりの雨の中、突然福岡空港にあらわれてニッコリ、達筆なお手紙には虚か実かわからないような少年の恋物語が書かれていたり、御上京の折には私の大好きな稚加栄のめんたいこをぶらさげてハイッ！

尾山さんのライフワークにはとことんお手伝いさせていただきたいと願っている私ですが、今は何を企画していらっしゃるのでしょうか、そして新世紀へのメッセージは何なのでしょう。

（女優　ふじむら・しほ）

あとがき

番組を放映すると、様々な反応が返ってくる。放映直後に反応があるのは、予想もしているのだが、思いがけないこともある。

平成三（一九九一）年の春頃だったか、京都府相楽郡木津町に住んでおられる小原恵子さんからお手紙をいただいた。ＮＨＫ放送で「遙かなるダモイ」を視聴、ＮＨＫに問合せたところ福岡のテレビ西日本が制作したことを知って手紙を出したということであった。

小原さんの話では満州大連で別れたお父さんの中島茂さんの消息を捜しているとのこと。中島さんは終戦後間もなく大連市の関東州警察局外事課長時代、ソ連軍に連行されたまま消息を断ってしまったという。

娘の小原さんは、父の消息について小さな情報でもよいからと、東奔西走している様子が便りに書いてあり、テレビで訴えてほしいと認《したた》めてあった。

「父の消息をはっきり知るまでは、私の戦後は終わりません」。小原さんの心情が痛いほど伝わってくる。

平成九年四月、ドキュメンタリー「還らざる人々——戦時未帰還者六七三人」を制作放送した。小原さんの父親のように、戦争で未だに帰ってこない消息不明の人たちを追いかけた番組であった。

その小原さんから平成十二年八月、電話をいただいた。父・中島茂さんの消息がわかったというのである。

その日の「サンケイ新聞」で報道されたが、昭和二十二（一九四七）年、大連ですでに処刑されていた。

さらにその年の暮れも押し迫った二十三日、小原さんから手紙をいただいた。その手紙によるとロシアの相互理解協会のA・A・キリチェンコ会長からの連絡で、中島茂さんは一九九三（平成五）年に名誉回復されていたというのである。

小原さんは「父の尋問調書が入手できたら父の最後の地を訪ねて供養したい。これで私の長い戦後は終わることができます」と結んでいた。

「ワルシャワを見つめた日本人形」は昭和六十年度のソフィアで開かれた赤十字国際コンクールで審査委員特別賞をいただいた。出品のための英語版の試写を、ポーランドの名ピアニストに見ていただいた。五十歳を過ぎた女性のピアニストは、ハンカチで涙をおさえながら感動した様子で「素晴らしい」と語ってくれた。日本人だけではなく、ヨーロッパの人にも理解していただけたことに嬉しさがこみあげてきたことを憶えている。

ドキュメンタリー番組は、不思議な運命の出合いが重なってくる。

番組を観て涙を流すことは多い。他人に知られないようにソッと目頭を押えるのだが、後から後から流れ出てくる。そんな時、思い切り涙を流してみれたらと思ったりもする。

涙と音楽効果の関係も深い。

喜波貞子をモデルにした人形のアップのシーンがある。「蝶々夫人」のアリアが重なって歌いあげる感動的なシーンだが、きまって涙がどうと出てくる。貞子を想い、カミラを思い出すからだろうか。

たしかに、音楽効果は番組にとって極めて大事な役割を持っている。

後藤文利ディレクターが喜波貞子のレコードを求めて、神田の古いレコード屋を探し回った時、ある店でやっと見つけた。それも二枚である。「ちょっと聞かしてください」と頼みこんだところ、「買うなら」という条件で聞かせてもらったそうである。

昔のレコード・プレーヤーで、蓄音機針が竹製だった。

音楽を担当した安楽雄三君は、芸大声楽科の出身だけに音にはうるさい。六十年ほど前のレコードから喜波貞子の美声を見事テレビ画面に復元してくれた。さらに東京大空襲の中から焼け残った原盤がビクターの倉庫の中にあることをつきとめ、原盤から貞子の声を再生した。ちなみに原盤はミラノのスカラ座で録音され、海路を運ばれた。針の溝は今と違い逆になっている。脇役ながら、この作品で日本映画テレビ技術協会から録音技術賞をいただいたことはあまり知られていない。

「あゝ鶴よ」の音楽効果でも、「鶴」というロシア民謡を見つけてきたのは音楽室のスタッフであった。

「ロシアの若者たちは、戦いに散って鶴となって天高くかけていく」といった詩だったように記憶しているが、ラスト・シーンで鶴翼飛行するツルたちのシーンに、男声合唱によるロシア民謡がオーバーラップして、視聴者の魂をゆさぶったのである。番組終了後、かなりの人から問い合わせがあった。

わが社には、安楽君のほかに、筒井敏久君という名音楽担当がいた。筒井君はバイオリンを弾く感性豊かな効果マンである。

「遙かなるダモイ」の音楽効果を担当した市川文武さんは「あゝ鶴よ」の音楽を意識して制作して、マーラーの交響曲第五番の曲に、異国で生きる主人公の思いを託した。

音楽担当ばかりではない。これら一連の番組を担当してくれた優秀なディレクターたちがお互いを意識しながら鎬《しのぎ》をけずってくれたことが、〃一つの時代〃をつくったと自負している。

兼川晋、久富正美、塩見桂二、舟越節、後藤文利、徳丸望、坂田卓雄、沢辺輝孝の諸兄にはとくに感謝している。彼らの存在がなかったら、おそらく、わが社のドキュメントの歴史はなかったと思っている。同じ世代の人間として、お互い痛みのわかる者同士として切磋琢磨してきた思いが強い。お互いの考えていることが「あうん」の呼吸でわかるのである。彼らもまた、感性の人々であったと思う。彼らのほとんどが定年で去っていったのは淋しいかぎりである。彼らの去ったあとでは、もう二度と「あの時代」は戻ってこないのではないかと思ったりもする。

後藤君は山口大で社会学を学んだ。人の心を大事にする優しい心の持主であった。

徳丸君は熊本大、坂田君は早大でそれぞれ歴史を専攻した。私を含めて歴史トリオであったが、われわれ三人が「調査報道」に異常に興味を持ったのは、歴史を学んだ者の特性かもしれない。

カメラを担当した諸兄のなかでも、菰方功君の情感あふれる画像には幾度となく泣かされた。

そして、今一人忘れてならないのは私の先代社長を務めた古賀愛人さんである。

〝戦争もの〟を極度に嫌がった営業に対していつも、「番組を売るのが君らの仕事だ！」と応援していただいたお蔭で、ひとつのTNC時代が築けたと確信している。

人形一つでポーランドまで取材に行けたのも古賀さん（当時副社長）の後押しがあったからだと感謝している。

当時のわがTNCは、TBS系のRKBに売上げの面でも一歩リードを許していた時代だったから、費用のかさむドキュメント制作は自制していかなければならなかった。

昭和五十一年からは、経営引締め策がとられ、鉛筆一本もムダに使うなというムードが社内に横溢した。いきおい番組制作の面でも萎縮してしまった。ロケハンひとつ満足にできない有様に、「これで地域と共生していくテレビ局たり得るのか」と随分口惜しい思いをしたものであった。

私が北九州支社長時代の何年かの風潮であったが、昭和五十四年、報道制作局長に就任して以来、なんとかとこの風潮から脱却しなければと腐心したことを憶えている。この脱出のきっかけを作ってくれたのが、昭和五十七年に制作したドキュメントで、後藤文利君の「海峡」であった。今でも「調査だけで韓国に行ってこいと言われた時は、びっくりしましたよ」と後藤君は語っているが、ロケハンならいざ知らず、調査だけのために海外出張など考えられないことだったにちがいない。私はあえて躊躇する彼を韓国に出張させた時、何か重い扉が開くような気持で一杯であった。

このことがなければ、わが社のドキュメンタリー時代は訪れなかったと思う。

このような社内環境にめぐまれたこと以外に、私のまわりに、上坪隆（故人）、木村栄文（以上ＲＫＢ）、川西到（ＫＢＣ）、磯野恭子（ＫＲＹ）各氏といった民放界を代表するドキュメンタリストたちが〝競存〟していたことである。

越えなければならないハードルは、高ければ高いほどいい。身近に彼らの存在があったことはむしろ僥倖であったと思っている。

また、ＲＫＢの小林幸三郎相談役にも陰に陽に励ましていただいた。局を越えて勉組作りの魂を教わった気がしている。

詩人の松永伍一さんが『快老のスタイル』を上梓された。その中で、天野忠さんの「新年の声」を紹介されているが、私も七十歳を過ぎた今、一読者として思わず膝を打った。

（前略）
ほんまん、
生きたちゅう正身のことは、
十年ぐらいなもんやろうか（中略）
……
いやあ
五年の正身……
ふん
それも心細いなあ
ぎりぎりしぼって
正身のこと
三年……

底の底の方で
正身がつぶやいた。
――そんなに削るな。

結びの一行で、松永さんは吹き出したそうだが、私も同様である。私の正身はいったい何年なんだろうか。

天野さんじゃないけれど、私の正身は十年がいいところだろう。ドキュメンタリー作りにかかわっていた十年ぐらいが正身ではないだろうかと……。

テレビ映像も今ではビデオがあって市販されているが、「かよこ桜」以外はビデオ制作はしていない。ビデオにしたらという助言も頂戴しているが、そこまでまだ手がつかずにいる。

戦後五十年過ぎた時、作家の辺見じゅんさんから、「これまでの作品を一冊の本にまとめてみたら」と言われた。あれから五年過ぎて、今やっと書きあげた次第である。

本書に掲載した登場者の会話や写真の一部は、放送した番組から使わしていただいた。

本書は多くの人の協力から書き上げることができた。この多くの人たちに紙上を借りて厚くお礼申しあげたい気持で一杯である。

平成十三年一月

尾山達己

尾山達己（おやま・たつみ）1929（昭和４）年，福岡県に生まれる。1952年春，早稲田大学第一文学部史学科を卒業。同年４月，西日本新聞社入社。北九州総局，久留米支局，本社社会部を経て1958年４月，ＴＮＣテレビ西日本に移る。報道制作，営業，事業，総務を経て，1979年に報道制作局長，1983年に取締役となる。以後常務，専務，副社長時代を通じて報道制作の現場を統括。1996年６月，社長となる。1999年６月末，社長を辞し代表取締役相談役として現在に至る。

あゝ鶴よ

私のテレビドキュメンタリー

■

2001年４月15日　第１刷発行

■

著者　尾山達己

発行者　西　俊明

発行所　有限会社海鳥社

〒810-0074 福岡市中央区大手門３丁目６番13号

電話092(771)0132　FAX092(771)2546

印刷　有限会社九州コンピュータ印刷

ISBN 4-87415-300-3

［定価は表紙カバーに表示］

http://www.kaichosha-f.co.jp